闽西职业技术学院 MINXI VOCATIONAL & TECHNICAL COLLEGE 国家骨干高职院校项目建设成果
——应用电子技术专业

传感器与信号检测

主　编　　张源峰
副主编　　储玉芬　　黄林木

厦门大学出版社 XIAMEN UNIVERSITY PRESS
国家一级出版社
全国百佳图书出版单位

图书在版编目(CIP)数据

传感器与信号检测/张源峰主编. —厦门:厦门大学出版社,2016.10

(闽西职业技术学院国家骨干高职院校项目建设成果.应用电子技术专业)

ISBN 978-7-5615-5871-3

Ⅰ.①传… Ⅱ.①张… Ⅲ.①传感器-检测-高等职业教育-教材②信号检测-高等职业教育-教材 Ⅳ.①TP212②TN911.23

中国版本图书馆 CIP 数据核字(2016)第 008615 号

出 版 人	蒋东明
责任编辑	李峰伟
装帧设计	蒋卓群
责任印制	许克华

出版发行 厦门大学出版社

社　　址 厦门市软件园二期望海路 39 号

邮政编码 361008

总 编 办 0592-2182177　0592-2181253(传真)

营销中心 0592-2184458　0592-2181365

网　　址 http://www.xmupress.com

邮　　箱 xmupress@126.com

印　　刷 厦门市明亮彩印有限公司

开本 787mm×1092mm　1/16

印张 10.75

插页 2

字数 262 千字

版次 2016 年 10 月第 1 版

印次 2016 年 10 月第 1 次印刷

定价 29.00 元

厦门大学出版社
微信二维码

厦门大学出版社
微博二维码

总　序

　　国务院《关于加快发展现代职业教育的决定》指出，现代职业教育的显著特征是深化产教融合、校企合作、工学结合，推动专业设置与产业需求对接、课程内容与职业标准对接、教学过程与生产过程对接、毕业证书与职业资格证书对接、职业教育与终身学习对接，提高人才培养质量。因此，校企合作是职业教育办学的基本思想。

　　产教融合、校企合作的关键是课程改革。课程改革要突出专业课程的职业定向性，以职业岗位能力作为配置课程的基础，使学生获得的知识、技能满足职业岗位（群）的需求。至2014年6月，我院各专业完成了"基于工作过程系统化"课程体系的重构，并完成了54门优质核心课程的设计开发与教材编写。学院以校企合作理事会为平台，充分发挥专业建设指导委员会的作用，主动邀请行业、企业"能工巧匠"参与学院专业规划、专业教学、实践指导，并共同参与实训教材的编写。教材是实现产教融合、校企合作的纽带，是教和学的主要载体，是教师进行教学、搞好教书育人工作的具体依据，是学生获得系统知识、发展智力、提高思想品德、促进人生进步的重要工具。根据认知过程的普遍规律和教学过程中学生的认知特点，学生系统掌握知识一般是从对教材的感知开始的，感知越丰富，观念越清晰，形成概念和理解知识就越容易；而且教材使学生在学习过程中获得的知识更加系统化、规范化，有助于学生自身素质的提高。

　　专业建设离不开教材，一流的教材是专业建设的基础，它为课程教学提供与人才培养目标相一致的知识与实践能力的平台，为教师依据教学实践要求，灵活运用教材内容，提高教学效果，完成人才培养要求提供便利。由于有了好的教材，专业建设水平也不断提高，因此在福建省教育评估研究中心汇总公布的福建省高等职业院校专业建设质量评价结果中，我院有26个专业全省排名进入前十名，其中有15个专业进入前五名。麦可思公司2013年度《社会需求与培养质量年度报告》显示，我院2012届毕业生愿意推荐母校的比例为68%，比全国骨干院校2012届平均水平65%高了3个百分点；毕业生对母校的满意度为94%，比全国骨干院校2012届平均水平90%高了4个百分点，人才培养质量大大提升。

闽西职业技术学院院长、教授

2015 年 5 月

前　言

　　闽西职业技术学院根据《教育部关于以就业为导向深化高等职业教育改革的若干意见》中提出的高等职业院校必须把培养学生动手能力、实践能力和可持续发展能力放在突出的地位,促进学生技能的培养,以及教材内容要紧密结合生产实际,并注意及时跟踪先进技术的发展等指导精神,积极推进基于工作过程的教材改革与项目驱动的教学方法。

　　本书是由闽西职业技术学院国家示范性重点建设专业的专业带头人、一线骨干教师与相关企业的技术、管理专家合作,针对相关专业的课程设置,融合教学中的实践经验,同时吸收国家示范性高职院校建设项目成果而编写的,力求做到内容简明扼要、概念清楚,让学生学以致用,有利于培养学生的实际操作能力和利用所学知识分析、排除故障的能力。

　　本书共10章内容,在相关知识讲解的基础上启发学生进行项目设计制作,并给出项目的参考设计。项目具有一定的实用性,便于制作,同时在项目实践的过程中增强学生对传感器的认知、理解和运用。

　　本书由张源峰担任主编并负责全书的统稿,第1,4~6章由储玉芬编写,第2,3,7,8章由黄林木编写,第9,10章由张源峰编写。本书在编写过程中,得到深圳市赛亿科技开发有限公司技术团队的技术支持及案例提供,在此表示感谢。

　　由于我国高等职业教育改革和发展的速度很快,加之我们的水平和经验有限,因此书中难免存在问题和错误,恳请使用这套教材的师生及时向我们反馈信息,以利于我们今后不断提高教材的质量,为广大师生提供更多、更实用的教材。

编　者

2016 年 6 月

目　录

第1章 绪 论

1.1 传感器的应用领域

在工业过程控制中,传感器有着"工业耳目""前沿哨兵"的美誉。它能替代人类五官感知外在信息,如在离子成分分析、磁场强弱、高温高压强腐蚀等环境下的参数,都是人类无法直接感知的。传感器将自动化生产过程中的各种控制参量进行精确的测量,为系统采集原始信息,保证工业生产的自动化、智能化。例如,在化工产品自动生产过程中,首先,进料时要自动对原料称重,分析原料成分或浓度,使它们按比例混合;混合后,在反应容器中自动反应,又必须测定容器中的压力或体积,如果是液体,还要测液位;然后在半成品生产线的传输中,需要自动控制传输的速度或流量,以及推动的压力或压强;最后成品自动分装时还要称重。所有这些环节均需要各种传感器对相应的非电量进行检测和控制,使设备或系统自动、正常地运行在最佳状态,保证生产的高效率和高质量。

在国防工程中,传感器应用在武器装备、军事监测、辅助决策、航天器等方面,大大地提高了武器的命中率和部队的快速响应能力,成为现代化装备部队的标志。

由于传感器又是典型的机电结合部或综合体,因此,在机电一体化产品中,传感器的应用对产品性能的开发有着重要作用。智能机器人就是典型的例子。日本在机器人上安装了位移、速度、加速度、视觉、听觉、触觉、味觉等大量的高品质的传感器,其花费是研制成本的一大半。而民用化产业中,汽车对传感器的需求正呈现上升态势。为了节能,各国都开展了汽车电子化运动,在汽车上安装了大量传感器,一辆普通轿车要安装90多个传感器,而豪华轿车中传感器的数量多达200余只,主要用于汽车发动机控制系统、底盘控制系统、车身控制系统和导航系统中。

1.2 传感器的定义与作用

1.2.1 传感器的定义

所谓传感器(sensor),是指将感受到的物理量、化学量等信息,按照一定规律,转换成便于测量和传输的信号的装置。由于电信号易于传输和处理,因此一般概念上的传感器是指将非电量转换成电信号输出的装置。

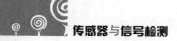

1.2.2　传感器的作用

　　传感器的作用可包括信息的收集、信息数据的交换及控制信息的采集三大内容。自然界的各种物质信息通过传感器进行采集。

　　如图 1-1 所示,人们把传感器比作人的 5 种感觉器官,但在诸如高温、高湿、深井、高空等环境及高精度、高可靠性、远距离、超细微等方面是人的感官所不能代替的。

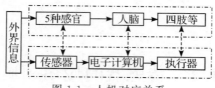

图 1-1　人机对应关系

　　如图 1-2 所示,传感器是任何一个自动控制系统必不可少的环节。如今,传感器的应用领域已涉及科研、各类制造业、农业、汽车、智能建筑、家用电器、安全防范、机器人、人体医学、环境保护、航空航天、遥感技术、军事等各个方面,人们已经离不开各种各样的传感器了。

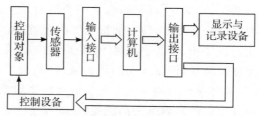

图 1-2　微机化检测与控制系统的基本组成

　　传感器技术对现代化科学技术、现代化农业及工业自动化的发展起到基础和支柱的作用,在世界各国也已成为一种重要产业。可以说,没有传感器就没有现代化的科学技术,也就没有人类现代化的生活环境和条件。传感器技术已成为科学技术和国民经济发展水平的标志之一。

1.3　传感器的组成与分类

1.3.1　传感器的组成

　　传感器一般由敏感元件、转换元件和转换电路 3 部分组成,有时还需要加辅助电源,如图 1-3 所示。

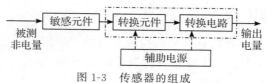

图 1-3　传感器的组成

（1）敏感元件（预变换器）：能够完成预变换的器件称为敏感元件，又称预变换器。例如，在传感器中各种类型的弹性元件常被称为敏感元件，并统称为弹性敏感元件。完成非电量到电量的变换时，并非所有的非电量都能利用现有手段直接变换为电量，往往是将被测非电量预先变换为另一种易于变换成电量的非电量，然后再变换为电量。为了获取被测变量的精确数值，不仅要求敏感元件对所测变量的响应足够灵敏，还希望它不受或少受环境因素的影响。敏感元件与传感器的区别在于，传感器不但对被测变量敏感，而且能相应地以电信号，如电压、电流、频率等形式将其传送出去。

（2）转换元件：将敏感元件输出的非电量直接转换为电量的器件。例如，在应变压力传感器中，弹性膜片是敏感元件，它将压力的变化转换成应变输出，而弹性膜片的应变施于电阻应变片上，电阻应变片将应变量转换为电量输出，因此电阻应变片才是转换元件。

需要指出的是，一般的传感器都包括敏感元件和转换元件，但有一类传感器，其敏感元件和转换元件可合二为一，如压电晶体、热电偶等。

（3）转换电路：将转换元件输出的电量变成便于显示、记录、控制和处理的有用电信号的电路。转换电路的类型视转换元件的分类而定，经常采用的有电桥电路及其他特殊电路，如高阻抗输入电路、脉冲调宽电路、振荡回路等。

（4）辅助电源：为无源传感器的转换电路提供电能。

1.3.2　传感器的分类

一般来说，目前人类需要监测的被测量有多少，传感器就应该有多少种，并且对同一种被测量，可能采用的传感器有多种。同样，同一种传感器原理也可能被用于多种不同类型被测量的检测。因此，传感器的种类繁多，分类的方法也不尽相同。

传感器通常有按用途和按工作原理两种分类思路，具体见表 1-1。

表 1-1　传感器常用的两种分类方式

按传感器的用途	按传感器的工作原理
位移传感器	电阻式传感器
力传感器	电感式传感器
荷重传感器	电容式传感器
速度传感器	电涡流式传感器
振动传感器	磁电式传感器
压力传感器	压电式传感器
温度传感器	光电式传感器

1. 按被测量分类

如输入量分别为温度、压力、位移、速度、加速度、湿度等非电量时，则相应的传感器称为温度传感器、压力传感器、位移传感器、速度传感器、加速度传感器、湿度传感器等。这种分类方式给使用者提供了方便，容易根据测量对象选择所需要的传感器，也便于初学者使用。

2. 按测量原理分类

现有传感器的测量原理主要是基于电磁原理和固体物理学理论。例如，根据变电阻的原理,相应的有电位器式、应变式传感器;根据变磁阻的原理,相应的有电感式、差动变压器式、电涡流式传感器;根据半导体有关理论,相应的有半导体力敏、热敏、光敏、气敏等固态传感器。这是传感器研究人员常用的分类方式,这种分类方式有助于减少传感器的类别数,并使传感器的研究与信号调理电路直接相关。

3. 其他分类

根据在检测过程中对外界激励的需要,可以将传感器分为无源传感器和有源传感器。有源传感器也可称为能量转换型传感器或换能器,其特点在于敏感元件本身能将非电量直接转换成电信号,如超声波换能器(压/电转换)、热电偶(热/电转换)、光电池(光/电转换)等。与有源传感器相反,无源传感器的敏感元件本身无能量转换能力,而是随输入信号而改变本身的电特性,因此必须采用外加激励源对其进行激励,才能得到输出信号。由于需要为敏感元件提供激励源,因此无源传感器通常需要比有源传感器用更多的引线。传感器的总体灵敏度也会受到激励信号幅度的影响。此外,激励源的存在可能增加在易燃易爆气体环境中引起爆炸的危险,在某些特殊场合需要引起足够的重视。大部分传感器,如湿敏电容、热敏电阻、压敏电阻等都属于无源传感器。被测量由于仅能在传感器中起能量控制作用,因此也称为能量控制型传感器。

根据输出信号的类型,可以将传感器分为模拟传感器与数字传感器。模拟传感器将测量的非电学量转换成模拟电信号,其输出信号中的信息一般由信号的幅度表达。输出为方波信号,其频率或占空比随被测量变化而变化的传感器称为准数字传感器。由于这类信号可直接输入微处理器内,利用微处理器内的计数器即可获得相应的测量值,因此准数字传感器与数字电路具有很好的兼容性。

1.4 传感器的基本特性

传感器的特性参数有很多,且不同类型传感器的特性参数的要求和定义也各有差异,但都可以通过其静态特性和动态特性进行全面描述。

1.4.1 传感器的静态特性

静态特性表示传感器在被测各量值处于稳定状态时的输入与输出的关系。它主要包括灵敏度、分辨力(或分辨率)、测量范围及误差特性。

1. 灵敏度

灵敏度是指稳态时传感器输出量 y 和输入量 x 之比,或输出量的增量 Δy 和相应输入量 Δx 的增量之比。

$$K = \frac{输出量增量}{输入量增量} = \frac{\Delta y}{\Delta x} \tag{1-1}$$

线性传感器的灵敏度 K 为常数,非线性传感器的灵敏度 K 是随输入量变化的量。

2. 分辨力

传感器在规定的测量范围内能够检测出的被测量的最小变化量称为分辨力。它往往受噪声的限制,噪声电平的大小是决定传感器分辨力的关键因素。

实际中,分辨力可用传感器的输出值表示:模拟式传感器以最小刻度的一半所代表的输入量表示,数字式传感器则以末位显示一个字所代表的输入量表示。注意不要与分辨率混淆。分辨力是与被测量有相同量纲的绝对值,而分辨率则是分辨力与量程的比值。

3. 测量范围和量程

在允许误差范围内,传感器能够测量的下限值($y_{\min}$)到上限值($y_{\max}$)之间的范围称为测量范围,表示为 $y_{\min} \sim y_{\max}$;上限值与下限值的差称为量程,表示为 $y_{\text{F.S}} = y_{\max} - y_{\min}$。例如,某温度计的测量范围是 $-20 \sim +100\ ℃$,则量程为 120 ℃。

4. 误差特性

传感器的误差特性包括线性度、迟滞、重复性、零漂、温漂等。

(1)线性度:线性度即非线性误差,是传感器的校准曲线与理论拟合直线之间的最大偏差($\Delta L_{\max}$)与满量程值($y_{\text{F.S}}$)的百分比,即

$$\gamma_{\text{L}} = \pm \frac{\Delta L_{\max}}{y_{\text{F.S}}} \times 100\% \tag{1-2}$$

校准曲线:在标准条件下,即在没有加速度、振动、冲击及温度为(20 ± 5)℃、湿度不大于85% RH(relative humidity,相对湿度)、大气压力为($101\ 327 \pm 7\ 800$)Pa[(760 ± 60)mmHg]的条件下,用一定等级的设备,对传感器进行反复循环测试,得到的输入和输出数据用表格列出或画出曲线。

拟合直线:对传感器特性线性化,用一条理论直线代替标定曲线。拟合直线不同,所得线性度也不同。常用的两种拟合直线,即端基拟合直线和独立拟合直线,如图 1-4 所示。

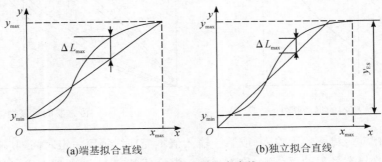

(a)端基拟合直线　　　　(b)独立拟合直线

图 1-4　传感器拟合直线

端基拟合直线是由传感器校准数据的零点输出平均值和满量程输出平均值连成的一条直线,由此所得的线性度称为端基线性度。这种拟合方法简单直观,应用较广,但拟合精度很低,尤其对非线性比较明显的传感器,拟合精度更差。

独立拟合直线方程是用最小二乘法求得的,在全量程范围内各处误差都最小。独立线性度也称最小二乘法线性度。这种方法拟合精度最高,但计算很复杂。

(2)迟滞:指在相同工作条件下,传感器正行程特性与反行程特性不一致的程度,如图1-5 所示。其数值为对应同一输入量的正、反行程输出值间的最大偏差($\Delta H_{\max}$)与满量程输出值的百分比,即

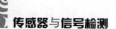

$$\gamma_H = \pm \frac{\Delta H_{\max}}{y_{F.S}} \times 100\% \tag{1-3}$$

或用其一半表示。

（3）重复性：指在同一工作条件下，输入量按同一方向在全测量范围内连续变化多次所得特性曲线的不一致性，如图1-6所示。其数值为各测量值正、反行程标准偏差最大值的两倍或3倍与满量程的百分比，即

$$\gamma_K = \pm \frac{c\sigma}{y_{F.S}} \times 100\% \tag{1-4}$$

式中，σ 前的系数为置信因数。置信因数取2时，置信概率为95%；置信因数取3时，置信概率为99.73%。

从误差的性质讲，重复性误差属于随机误差。若误差完全按正态分布，则随机误差的标准误差 σ，可由各次校准量数据间的最大误差 Δ_{im} 求出，即

$$\sigma = \sqrt{\frac{\sum_{i=1}^{n} \Delta_{im}^2}{n-1}} \tag{1-5}$$

式中，n 为重复测量的次数。

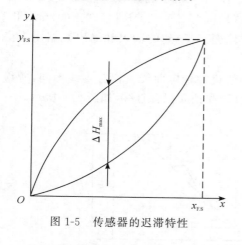

图1-5　传感器的迟滞特性

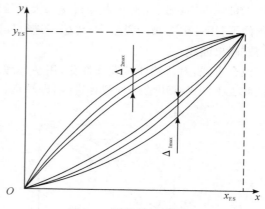

图1-6　传感器的重复性

（4）零漂和温漂：传感器无输入（或某一输入值不变）时，每隔一定时间，其输出值偏离原示值的最大偏差与满量程的百分比，称为零漂。温度每升高1℃，传感器输出值的最大偏差与满量程的百分比，称为温漂。

1.4.2　动态特性

动态特性是描述传感器在被测量随时间变化时的输出和输入的关系。加速度等动态测量的传感器必须进行动态特性的研究，通常是用输入正弦或阶跃信号时传感器的响应来描述的，即传递函数和频率响应。

1.5　传感器的测量误差与准确度

1.5.1　误差的类型

1. 按误差的性质分类

(1)系统误差:在相同测量条件下多次测量同一物理量,其误差大小和符号保持恒定或按某一确定规律变化。系统误差表征测量的准确度。

(2)随机误差:在相同测量条件下多次测量同一物理量,其误差没有固定的大小和符号,呈无规律的随机性。通常用精密度表征随机误差的大小。

准确度和精密度的综合称为精确度,简称精度。

(3)粗大误差:明显偏离约定真值的误差。它主要是由于测量人员的失误所致,如测错、读错或记错等。含有粗大误差的数值称为坏值,应予以剔除。在测量中,若误差大于极限误差 C_s,即为粗大误差。

2. 按被测量与时间的关系分类

(1)静态误差:被测量不随时间变化时测得的误差。

(2)动态误差:被测量在随时间变化过程中测得的误差。动态误差是由于检测系统对输入信号响应滞后,或对输入信号中不同频率成分产生不同的衰减和延迟所造成的。动态误差值等于动态测量和静态测量所得误差的差值。

1.5.2　误差的表示方法

传感器所测值称为示值,用 A_x 表示,它是被测真值的反映。严格地说,被测真值只是一个理论值,因为无论采用何种传感器,测得的值都有误差。实际中通常采用适当精度的仪表测出的(或用特定的方法确定的)约定真值代替真值。例如,使用国家标准计量机构标定过的标准仪表进行测量,其测量值即可作为约定真值,用 A_0 表示。

1. 绝对误差

被测量的指示值 A_x 与其真值 A_0 之间的差值,称为绝对误差 Δ。

$$\Delta = A_x - A_0 \tag{1-6}$$

绝对误差有方向和量纲。当 $A_x > A_0$ 时,为正误差;反之为负误差。

在计量工作和实验室测量中常用修正值 C 表示真值 A_0 与示值 A_x 之差,它等于绝对误差的相反数($C = -\Delta$),则

$$A_0 = A_x + C \tag{1-7}$$

一般,绝对误差和修正值的量纲必须与示值量纲相同。

绝对误差可表示测量值偏离实际值的程度,但不能表示测量的准确程度。

2. 相对误差

相对误差即百分比误差。

(1)实际相对误差:指绝对误差与被测真值的百分比,用 γ_A 表示,即

$$\gamma_A = \frac{\Delta}{A_0} \times 100\% \tag{1-8}$$

(2)示值(标称)相对误差:指绝对误差与被测量值的百分比,用 γ_x 表示,即

$$\gamma_x = \frac{\Delta}{A_x} \times 100\% \tag{1-9}$$

(3)满度(引用)相对误差:指绝对误差与仪表满度值的百分比,用 γ_n 表示,即

$$\gamma_n = \frac{\Delta}{A_{F.S}} \times 100\% \tag{1-10}$$

式中,当 Δ 为最大值 Δ_{max} 时,称为最大引用误差。

由于 γ_n 是用绝对误差与一个常量(量程上限)的比值所表示的,因此实际上给出的是绝对误差,这也是应用最多的表示方法。当 Δ 取最大值 Δ_{max} 时,其满度相对误差常用来确定仪表的精度等级 S,即

$$S = \frac{|\Delta_{max}|}{A_{F.S}} \times 100 \tag{1-11}$$

它表示传感器的最大相对误差为 $\pm S\%$。仪表引起的最大测量相对误差为

$$\gamma_x = \pm \frac{SA_{F.S}}{A_x}\% \tag{1-12}$$

准确度等级应由国家统一制定标准,我国电工仪表的准确度等级分别为 0.1,0.2,0.5,1.0,1.5,2.5 和 5.0;然而,我国传感器尚无国家标准,一般执行行业标准,如原航空部制定的压力传感器的准确度等级分别为 0.05,0.1,0.2,0.3,0.5,1.0,1.5,2.0 等。

例如,某 0.1 级压力传感器的量程为 100 MPa,测量 50 MPa 压力时,传感器引起的最大相对误差为 $\pm 0.2\%$。

思考与练习

1. 有 1 台测温仪表,测量范围为 $-200 \sim +800$ ℃,准确度为 0.5 级。现用它测量 500 ℃的温度,求仪表引起的绝对误差和相对误差?

2. 有 2 台测温仪表,测量范围为 $-200 \sim +300$ ℃和 $0 \sim 800$ ℃,已知两台表的绝对误差最大值 $\Delta t_{max} = 5$ ℃,试问哪台表精度高?

3. 有 3 台测温仪表量程均为 600 ℃,精度等级分别为 2.5 级、2 级和 1.5 级,现要测量温度为 500 ℃的物体,允许相对误差不超过 2.5%,问选用哪一台最合适(从精度和经济性综合考虑)?

第 2 章 电阻式传感器
——酒精浓度的检测电路设计

2.1 基本知识

电阻式传感器是指将各种被测非电量(如力、位移、形变、速度、加速度等)的变化量，转换成与其有一定关系的电阻值的变化，通过对电阻值的测量达到对非电量测量的目的。

电阻式传感器包括电阻应变式传感器、热电阻式传感器、气敏电阻式传感器、湿敏电阻式传感器等。

2.1.1 力敏电阻

1. 原理与结构

(1)原理。导体或半导体材料在外界力的作用下，会产生机械变形，其电阻值也将随着发生变化，这种现象称为应变效应。

电阻应变式传感器主要由电阻应变片及测量转换电路组成。

由 $R = \rho \dfrac{l}{A} = \rho \dfrac{l}{\pi r^2}$ 可知，当金属丝受拉时，l 变长、r 变小，导致 R 变大。而 $\dfrac{\Delta l}{l}$ 为电阻丝长度的相对变化量，也可称为电阻丝的轴向应变，用 ε 表示，则有 $\dfrac{\Delta R}{R} = K\varepsilon$。

(2)结构。应变片可分为金属应变片及半导体应变片两大类。前者可分为金属丝式、箔式和薄膜式 3 种。目前箔式应变片应用较多。金属丝式应变片使用最早，有纸基、胶基之分。由于金属丝式应变片蠕变较大，金属丝易脱胶，有逐渐被箔式所取代的趋势；但其价格便宜，多用于应变、应力的大批量、一次性试验。

2. 测量转换电路

惠斯通直流电桥即测量转换电路如图 2-1 所示。由图可知，

$$U_o = \frac{U_i}{4} \left(\frac{\Delta R_1}{R_1} - \frac{\Delta R_2}{R_2} + \frac{\Delta R_3}{R_3} - \frac{\Delta R_4}{R_4} \right) \tag{2-1}$$

电桥平衡的条件：$R_1 \times R_3 = R_2 \times R_4$。

(1)单臂电桥如图 2-2 所示。由图可知，

$$U_o = \frac{U_i}{4} \frac{\Delta R}{R} \tag{2-2}$$

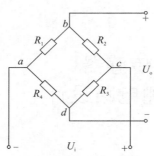

图 2-1　惠斯通直流电桥

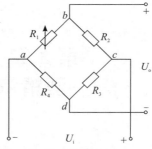

图 2-2　单臂电桥

（2）双臂半桥如图 2-3 所示，其应变片的安装如图 2-4 所示。

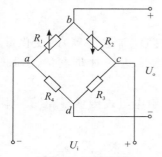

图 2-3　双臂半桥

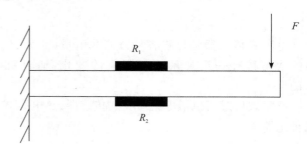

图 2-4　应变片的安装

图 2-3 中，R_1，R_2 为应变片，R_3，R_4 为固定电阻。应变片 R_1，R_2 感受到的应变 ε_1，ε_2 以及产生的电阻增量正负号相间，可以使输出电压 U_o 成倍地增大。

$$U_o = \frac{U_i}{2} \frac{\Delta R}{R} \qquad (2-3)$$

（3）四臂全桥如图 2-5 所示。全桥的 4 个桥臂都为应变片，如果设法使试件受力后，应变片 $R_1 \sim R_4$ 产生的电阻增量（或感受到的应变 $\varepsilon_1 \sim \varepsilon_4$）正负号相间，就可以使输出电压 U_o 成倍地增大。

$$U_o = U_i \frac{\Delta R}{R} \qquad (2-4)$$

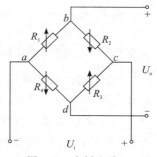

图 2-5　全桥电路

上述 3 种工作方式中，四臂全桥工作方式的灵敏度最高，双臂半桥次之，单臂电桥灵敏度最低。采用全桥（或双臂半桥）还能实现温度自补偿。

采用单臂电桥时，实际输出与电阻变化值及应变之间存在一定的非线性关系。对于半桥工作方式和全桥工作方式，两应变片处于差分工作状态，即一个应变片感受正应变，另一个应变片感受负应变，经推导可证明理论上不存在非线性关系。

采用恒流源作为桥路电源能减小非线性误差。

3. 电桥的线路补偿

因环境温度改变而引起电阻变化的因素主要有两个：其一是电阻应变片的电阻丝具有

一定温度系数；其二是电阻丝材料与被测物体的线膨胀系数不同。电桥补偿法是最常用的且效果较好的线路补偿法，电桥的输出电压仅与被测物体的应变有关，而与环境温度无关，如图 2-6 所示。由图可知，

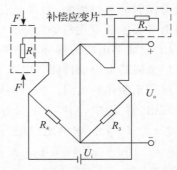

$$U_o = \frac{U_i}{4}\left(\frac{\Delta R_1}{R_1} - \frac{\Delta R_2}{R_2}\right) \qquad (2-5)$$

图 2-6　采用补偿应变片的温度补偿

4. 电阻应变式传感器的应用

（1）应变式测力与荷重传感器。传感器的采样部分由弹性元件、应变片和外壳所组成。弹性元件把被测量转换成应变量的变化，弹性元件上的应变片把应变量转换成电阻量的变化。常见的应变式测力与荷重传感器有柱式、悬臂梁式、环式等，如图 2-7 所示。应变式荷重传感器实物如图 2-8 所示。

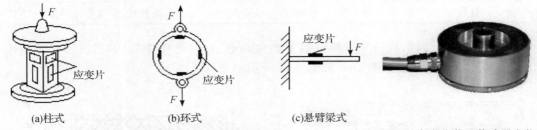

(a)柱式　　　　(b)环式　　　　(c)悬臂梁式

图 2-7　应变式测力与荷重传感器　　　　图 2-8　应变式荷重传感器实物

（2）位移传感器。应变式位移传感器是把被测位移量转换成弹性元件的变形和应变，然后通过应变计和应变电桥，输出一个正比于被测位移的电量。它可进行静态与动态的位移量检测，但使用时要求用于测量的弹性元件刚度要小，被测对象的影响反力要小，系统的固有频率要高，动态频率响应特性要好。YW 形应变片位移传感器如图 2-9 所示。

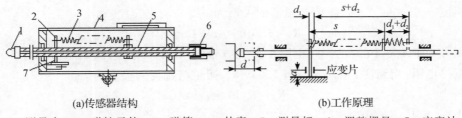

(a)传感器结构　　　　　　　　(b)工作原理

1—测量头　2—弹性元件　3—弹簧　4—外壳　5—测量杆　6—调整螺母　7—应变计

图 2-9　YW 形应变片位移传感器

2.1.2　温敏电阻

温敏式传感器是利用导体或半导体的阻值随温度变化而变化的原理进行测温的，它可分为金属热电阻式传感器和半导体热敏电阻式传感器。

1. 金属热电阻式传感器

（1）原理。温度升高，金属内部原子晶格的振动加剧，从而使金属内部的自由电子通过

金属导体时的阻碍增大,宏观上表现出电阻率变大,电阻值增加,我们称其为正温度系数,即电阻值与温度的变化趋势相同。

(2)金属热电阻的性能和结构。

1)金属热电阻的性能。电阻温度系数大且稳定、电阻率高、易提纯、复现性好的金属材料才可用于制作热电阻。目前使用最广泛的金属热电阻材料是铜和铂。

在铂、铜、镍中,铂的性能最好,采用特殊结构可制成标准温度计,它的适用温度范围为－200～＋960 ℃。铜电阻价廉并且线性较好,但温度高了易氧化,故只适用于温度较低(－50～＋150 ℃)的环境中。表 2-1 列出了铜、铂热电阻的主要技术性能。

表 2-1　铜热电阻和铂热电阻的主要技术性能

材　料	铂	铜
测温范围/℃	$-200\sim+960$	$-50\sim+150$
电阻率/$(\Omega\cdot m)$	$9.81\times10^{-8}\sim10.6\times10^{-8}$	1.7×10^{-8}
特性	近似于线性、性能稳定、精度高	线性较好、价格低、体积大

2)金属热电阻的结构。金属热电阻主要由热电阻丝、绝缘骨架、引出线等部件组成。铂、铜热电阻的结构分别如图 2-10 和图 2-11 所示。

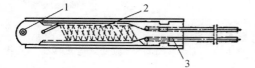 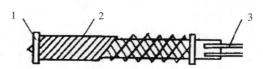

1—铆钉　2—电阻丝　3—银质引脚　　　　1—骨架　2—漆包铜线　3—引出线

图 2-10　铂热电阻的结构　　　　　　图 2-11　铜热电阻的结构

①铂热电阻:当温度 t 在$-200\sim0$ ℃时,阻值与温度的关系为

$$R_t=R_0[1+At+Bt^2+Ct^3(t-100)] \tag{2-6}$$

当温度在 $0\sim850$ ℃时,阻值与温度的关系为

$$R_t=R_0(1+At+Bt^2) \tag{2-7}$$

分度号为 Pt100,Pt50 的铂热电阻在 $t=0$ ℃的电阻值分别为 100 Ω 和 50 Ω。

②铜热电阻:当温度 t 在$-50\sim+150$ ℃时,阻值与温度的关系为

$$R_t=R_0(1+a_1t) \tag{2-8}$$

式中,$a_1=4.28\times10^{-3}$ ℃$^{-1}$。

分度号为 Cu100,Cu50 的铜热电阻在 $t=0$ ℃的电阻值分别为 100 Ω 和 50 Ω。

(3)金属热电阻式传感器的测量转换电路。热电阻传感器的测量线路一般使用电桥。实际应用中,热电阻安装在生产环境中,感受被测介质的温度变化,而测量电阻的电桥通常作为信号处理器或显示仪表的输入单元,随相应的仪表安装在控制室。由于热电阻很小,热电阻与测量桥路之间的连接导线的阻值 R_1 会随环境温度的变化而变化,因此会给测量带来较大的误差。为此,工业上常采用三线制接法,即从金属热电阻引出 3 根导线,这 3 根导线粗细相同、长度相等,且电阻值均为 r,如图 2-12 所示。当热电阻和电桥配合使用时,采用这种引出线方式可以较好地消除引出线电阻的影响,提高测量精度。

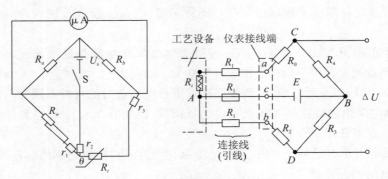

图 2-12　热电阻的三线制接法

2. 半导体热敏电阻式传感器

（1）半导体热敏电阻式传感器的特性。有些半导体的电阻值随温度的升高而急剧减小，并呈现非线性关系，如图 2-13 所示。

半导体的这种温度特性是因为它的导电方式是载流子（电子、空穴）导电。由于半导体中载流子的数目远比金属中的自由电子少得多，因此它的电阻很大。随着温度的升高，半导体中参加导电的载流子数目会增多，因此，它的电阻率减小，电阻降低。

（2）半导体热敏电阻的分类与结构。半导体热敏电阻按温度系数的不同可分为正温度系数（positive temperature coefficient，PTC）热敏电阻、负温度系数（negative temperature coefficient，NTC）热敏电阻与临界温度系数（critical temperature resistor，CTR）热敏电阻，3 者的温度特性曲线如图 2-14 所示。

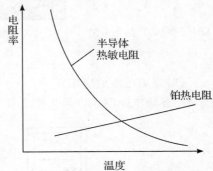

图 2-13　某种半导体的热敏电阻特性

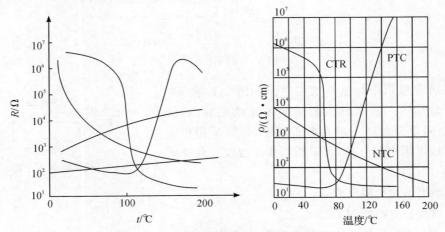

图 2-14　3 类半导体热敏电阻的温度特性

CTR 一般也是负温度系数,但与 NTC 不同的是,在某一温度范围内,电阻值会发生急剧变化。

NTC 热敏电阻由 Mn,Co,Ni,Fe,Cu 等过渡金属氧化物混合烧结而成,主要用于温度测量和补偿,测量温度范围一般为$-50\sim+350$ ℃,也可用于低温测量($-130\sim0$ ℃)、中温测量($150\sim750$ ℃),甚至更高温度,测量温度范围根据制造时的材料不同而不同。

PTC 热敏电阻由钛酸钡掺和稀土元素烧结而成,既可作为温度敏感元件,又可在电子线路中起限流、保护作用。

CTR 热敏电阻是以三氧化二钒与钡、硅等氧化物,在磷、硅氧化物的弱还原气氛中混合烧结而成,主要用作温度开关。

图 2-15 所示为几种热敏电阻实物。

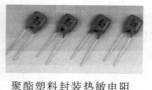

MF12 型 NTC 热敏电阻　　　MF58 型热敏电阻　　　聚酯塑料封装热敏电阻　　　玻璃封装 NTC 热敏电阻

图 2-15　几种热敏电阻实物

(3)热敏电阻的应用。

1)热敏电阻测温电路如图 2-16 所示。

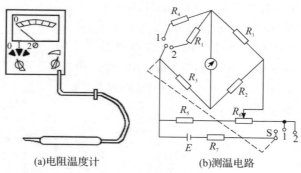

(a)电阻温度计　　　(b)测温电路

图 2-16　热敏电阻测温

2)热敏电阻用于温度补偿的电路如图 2-17 所示。仪表中通常用的一些零件多数是金属丝做成的,如线圈、线绕电阻等。金属一般具有正温度系数,采用负温度系数热敏电阻进行补偿,可以抵消由于温度变化所产生的误差。

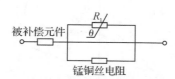

图 2-17　热敏电阻用于温度补偿

3)热敏电阻用于温度控制。

①继电保护电路如图 2-18 所示。

②温度上下限报警电路如图 2-19 所示。

③电子节能灯及电子镇流器预热启动电路如图 2-20 所示。

④电动机的过热保护电路如图 2-21 所示。

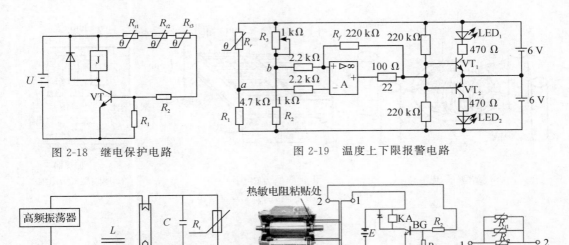

图 2-18　继电保护电路　　　　图 2-19　温度上下限报警电路

图 2-20　电子节能灯及电子镇流器预热启动电路　　图 2-21　电动机的过热保护电路

2.1.3　气敏电阻

现代社会中，人们在生产与生活中往往会接触到各种各样的气体，由于这些气体有许多是易燃、易爆的，如氢气、一氧化碳、氟利昂、煤气瓦斯、天然气、液化石油气等，因而就需要对它们进行检测和控制。气敏电阻式传感器就是一种将检测到的气体成分与浓度转换为电信号的传感器，人们根据这些信号的强弱就可以获得气体在环境中存在的信息，从而进行监控或报警。

1. 气敏电阻式传感器的工作原理

气敏电阻式传感器可以把某种气体的成分、浓度等参数转换成电阻变化量，再转换成电流、电压信号。

气敏电阻式传感器是利用气体在半导体表面的氧化还原反应导致敏感元件电阻值变化而制成的。氧化型气体（电子接收型气体），如 O_2，吸附分子（气体）从半导体中夺得电子而形成负离子吸附，从而导致半导体表面呈现电荷层，半导体的阻值增大。还原型气体（电子供给型气体），如 H_2，CO，吸附分子（气体）将向半导体中释放出电子而形成正离子吸附，半导体的阻值减小。

为提高气体灵敏度，一般需加热以加快被测气体的化学吸附氧化还原反应（到 200～450 ℃），同时加热还能使附着在测控部分上的油雾、尘埃烧掉。

当半导体表面被加热到稳定状态时，气体接触半导体表面而被吸附，吸附的分子首先在半导体表面扩散，失去运动能量，一部分分子被蒸发掉，另一部分分子固定在吸附处。

2. 气敏电阻式传感器的结构和分类

气敏电阻式传感器一般由敏感元件、加热器和外壳 3 部分组成。气敏电阻式传感器的结构如图 2-22 所示。

气敏电阻品种繁多，常用的主要有接触燃烧式气体传感器、电化学气敏传感器、半导体气敏传感器等。气敏电阻外形如图 2-23 所示。酒精测试仪实物如图 2-24 所示。

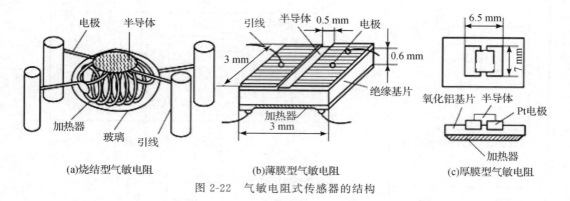

(a)烧结型气敏电阻　　(b)薄膜型气敏电阻　　(c)厚膜型气敏电阻

图 2-22　气敏电阻式传感器的结构

图 2-23　气敏电阻外形　　　　图 2-24　酒精测试仪

按加热方式的不同,气敏电阻可分为直热型(见图 2-25)和旁热型(见图 2-26)两类。

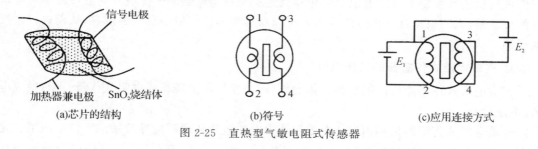

(a)芯片的结构　　　　　(b)符号　　　　　(c)应用连接方式

图 2-25　直热型气敏电阻式传感器

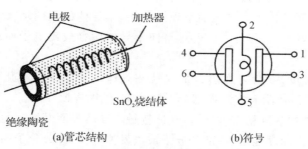

(a)管芯结构　　　　　　(b)符号

图 2-26　旁热型气敏电阻式传感器

半导体式气敏传感器的品种很多,其中金属氧化物半导体材料制成的传感器数量最多(占气敏传感器的首位),其特性和用途各不相同。金属氧化物半导体材料主要有 SnO_2 系列、ZnO 系列及 Fe_2O_3 系列,由于它们的添加物质各不相同,因此能检测的气体也不同。

氧化锌元件是比较常用的一种气敏元件,根据所用催化剂的不同,可以推测环境空气中大体含有哪些气体。例如,N 型半导体氧化锌与少量的三氧化二铬混合后,如有催化剂铂存在,其元件的阻值与环境空气中的乙烷、丙烷、异丁烷的含量有关,这些气体含量越高,这种气敏元件阻值越小。也可以使用以三氧化二铁为主的气敏元件,这类材质也是 N 型半导体材料,它分为 α-三氧化二铁和 γ-三氧化二铁两种。前者用来监测液化石油气;后者用来监测乙烷、丙烷、丁烷、氢气和以甲烷为主的天然气,还可以用来检测乙醇气体。

3. 气敏电阻式传感器的应用

气敏电阻式传感器广泛应用于防灾报警,如可制成液化石油气、天然气、城市煤气、煤矿瓦斯、有毒气体等方面的报警器,也可用于对大气污染进行监测以及在医疗上用于对氧气、一氧化碳等气体的测量,在日常生活中则可用于空调机、烹调装置、酒精浓度探测等方面。

(1)基本工作电路(见图 2-27)和气敏传感器的线性化电路(见图 2-28)。气敏传感的线性化电路用于检测甲烷气体 CH_4 浓度时,用电流 $I_H = 167$ mA 对 CH_4 气敏传感器进行间接加热,CH_4 的等效电阻 R_s 随着气体浓度增加呈非线性减少。典型值是 CH_4 浓度为 0.1% 时,R_s 为 14.0 kΩ;CH_4 浓度为 1% 时,R_s 为 4.2 kΩ。如果通过 R_s 的电流恒定($I = 0.5$ mA),则电压 $U_T = IR_s$ 就表示 CH_4 的浓度。U_T 经线性化电路 AD538 与放大电路 A_3 获得输出电压 U_o,U_o 与 CH_4 的浓度呈线性关系。图 2-28 中,由 REF-03 提供基准电压,产生 $I = 0.5$ mA 的恒定电流。A_1 起隔离作用,A_2 起缓冲作用。

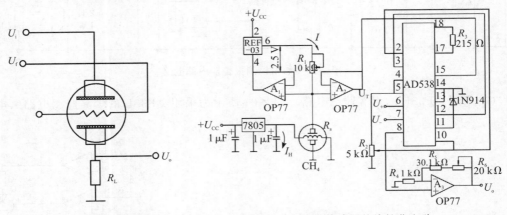

图 2-27　基本工作电路　　　　图 2-28　气敏传感器的线性化电路

调整时,将传感器置于已知体积的房间,房间内注入确定浓度(0.1%)的 CH_4 气体,并用风扇将之混合。调整电阻 R_1,使输出 U_o 为 1.0 V。然后将 CH_4 浓度增加到 1%,调整电阻 R_6,使其输出 U_o 为 10.0 V。再反复调整多次,直到满意为止。

(2)采用 QM-N10 气敏传感器的煤气监测电路。图 2-29 所示为采用 QM-N10 气敏传感器的煤气监测电路。当 QM-N10 感受到煤气时,A 与 B 间电阻降低,D_1 的 1 脚为高电平,D_2 的 4 脚也为高电平,这样,D_3 和 D_4 等构成的多谐振荡器开始振荡,使其 VT_2 周期性导通与截止。于是,VT_1 与 T_2 等构成的间隙振荡器发出报警声。与此同时,LED_1 发光显示,达到监测煤气泄漏的目的。

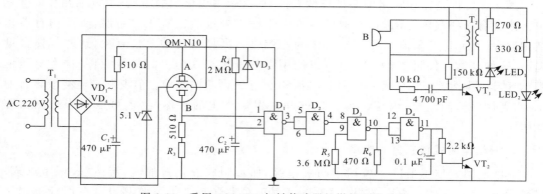

图 2-29　采用 QM-N10 气敏传感器的煤气监测电路

（3）酒精检测报警器。其内部电路如图 2-30 所示。

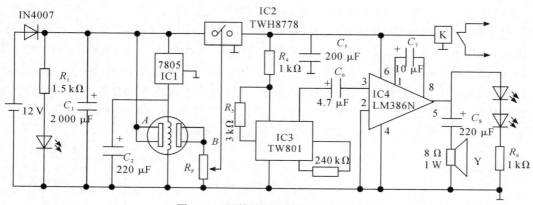

图 2-30　酒精检测报警器内部电路

（4）采用 AF38L 的烟雾监测电路。图 2-31 所示为采用 AF38L 的烟雾监测电路。电路

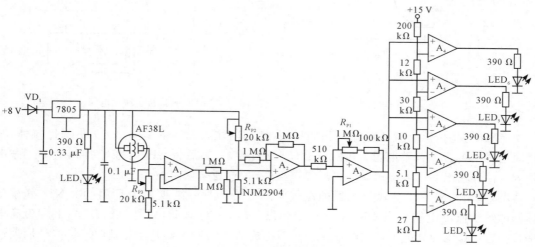

图 2-31　采用 AF38L 的烟雾监测电路

中的气敏传感器 AF38L 的输出经 A_1 电压跟随器加到差动放大器 A_2 的同相输入端，A_2 输出的是放大后的同相输入端和反相输入端的电压差信号。A_3 为同相放大器，通过 RP_3 可调 A_3 的增益，也就是调节 $A_4 \sim A_8$ 比较器的同相输入端电压。这样，就可确定 $LED_2 \sim LED_6$ 发光的数目，得知空气污染的程度，从而可监测出排烟量的大小。

2.1.4　湿敏电阻

湿敏电阻式传感器是由湿敏元件、转换电路等组成，能感受外界湿度（通常将空气或其他气体中的水分含量称为湿度）的变化，并通过湿敏电阻式传感器的物理或化学性质的变化，将环境湿度转换为电信号的装置。

1. 大气湿度与露点

（1）绝对湿度和相对湿度。

1）绝对湿度。绝对湿度用每单位体积的混合气体中所含水蒸气的质量表示，一般用符号 AH 表示，单位为 g/m^3 或 mg/m^3。其表达式为

$$AH = \frac{m_v}{V} \tag{2-9}$$

式中，m_v 为待测空气中的水蒸气的质量（g）；V 为待测空气的总体积（m^3）。

2）相对湿度。在许多与大气湿度相关的现象中，与大气的绝对湿度都没有直接的关系，而与大气中的水蒸气离饱和状态的远近程度有关。

相对湿度是指被测气体中的水蒸气的气压与该气体在相同温度下饱和水蒸气的气压的百分比，用符号 RH 表示。其表达式为

$$RH = \frac{p_v}{p_w} \times 100\% \tag{2-10}$$

式中，p_v 为在 t ℃ 时被测气体中的水蒸气的气压（Pa）；p_w 为待测空气在温度 t ℃ 下的饱和水蒸气的气压（Pa）。

表 2-2 所列为在标准大气压的不同温度下饱和水蒸气的气压情况。

表 2-2　在标准大气压的不同温度下饱和水蒸气的气压

$t/℃$	p_w/Pa	$t/℃$	p_w/Pa	$t/℃$	p_w/Pa	$t/℃$	p_w/Pa
−20	0.77	−9	2.13	2	5.29	22	19.83
−19	0.85	−8	2.32	3	5.69	23	21.07
−18	0.94	−7	2.53	4	6.10	24	22.38
−17	1.03	−6	2.76	5	6.45	25	23.78
−16	1.13	−5	3.01	6	7.01	30	31.82
−15	1.24	−4	3.28	7	7.51	40	55.32
−14	1.36	−3	3.57	8	8.05	50	92.50
−13	1.49	−2	3.88	9	8.61	60	149.4
−12	1.63	−1	4.22	10	9.21	70	233.7
−11	1.78	0	4.58	20	17.54	80	355.7
−10	1.93	1	4.93	21	18.65	100	760.0

　　(2)露点(霜点)。当温度下降到某一温度,水蒸气的气压与同温度下的饱和水蒸气的气压相等时,空气中的水蒸气将向液相转化而凝结为露珠(见图2-32),其相对湿度 RH 为100%,这一特定的温度被称为空气的露点温度,简称为露点。

图2-32　露珠与霜

2. 湿敏电阻传感器的分类

　　湿敏电阻的原理:水是一种强极性的电介质,水分子极易吸附于固体表面并渗透到固体内部,引起半导体的电阻值降低(水分增多,导电能力增强),因此可以利用多孔陶瓷、三氧化二铝等吸湿材料制作湿敏电阻。

　　(1)金属氧化物陶瓷湿敏电阻式传感器。金属氧化物陶瓷湿敏电阻式传感器是由金属氧化物多孔性陶瓷烧结而成的,烧结体上有微细孔,可使湿敏层吸附或释放水分子,造成其电阻值的改变。

　　为了减小测量误差,在陶瓷基片外设置由镍铬丝制成的加热线圈,以便对元件加热清洗,减小恶劣气体对元件的污染。多孔陶瓷湿-电转换元件如图2-33所示。氯化镁复合化合物-二氧化钛湿敏电阻式传感器特性曲线如图2-34所示。

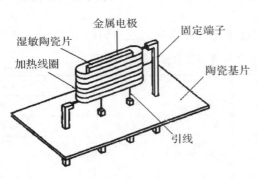
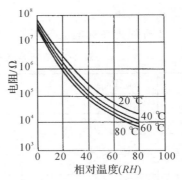

图2-33　多孔陶瓷湿-电
转换元件

图2-34　氧化镁复合化合物-二氧化钛湿敏
电阻式传感器特性曲线

　　(2)金属氧化物膜型湿敏电阻式传感器。特点是传感器电阻的对数值与湿度呈线性关系,具有测湿范围及工作温度范围大的优点。其结构如图2-35所示。

　　(3)高分子材料湿敏电阻式传感器。高分子材料湿敏电阻式传感器具有响应时间快、线性好、成本低等特点。高分子材料湿敏电阻式传感器是目前发展较快的一种新型湿敏电阻式传感器。聚苯乙烯磺酸锂湿度传感器的结构如图2-36所示。

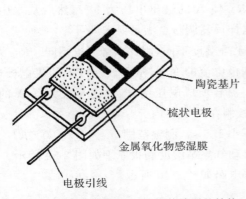

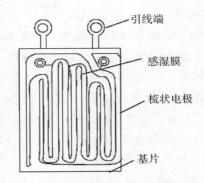

图 2-35 金属氧化物膜型湿敏电阻式传感器的结构　　　图 2-36 聚苯乙烯磺酸锂湿度传感器的结构

（4）湿敏传感器的认知。几种湿敏传感器实物如图 2-37 所示。

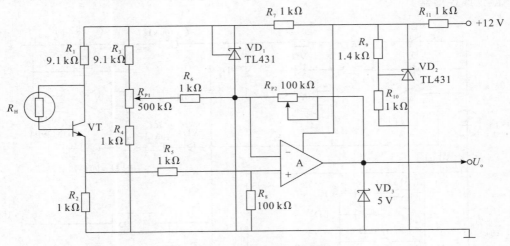

图 2-37 几种湿敏传感器实物

3. 湿敏传感器的应用

（1）土壤湿度检测电路。图 2-38 所示为土壤湿度检测电路，它由湿度测量电路、信号放大电路和高精度稳压电源电路组成。

图 2-38 土壤湿度检测电路

湿度检测电路由湿敏电阻 R_H，晶体管 VT 及 R_1，R_2 等组成；信号放大电路由放大器 A，R_{P_1}，R_{P_2}，R_3，R_4，R_5，R_8，VD_3 等组成；稳压电源电路提供 2.5 V 的稳压电源（TL431 是一种并联稳压集成电路，其中，VD_1 为 2.5 V 基准电压源，VD_2 为可调基准电压源）。

使用前,应先调整,将 R_H 插入水中,调 R_{P2} 使 A 的输出电压为 5 V,然后从水中取出 R_H 并擦干,调 R_{P1} 使 A 的输出电压为 0 V,这样反复调整至满足要求即可。

使用时,将湿度传感器插入土壤中,由于土壤湿度不同,因此此 R_H 值也不同。R_H 为 VT 的基极偏流电阻,故 R_H 的变化将导致 VT 基极电流的变化,从而改变 VT 的集电极电流,也改变了 VT 的发射极电流。R_2 将发射极电流转换成电压信号,并送至放大器 A 的同向输入端,经 A 放大后输出。VD_3 将输出电压控制在 5 V 以内。

该土壤湿度测量电路响应速度快(常温下小于 5 s),测湿范围广,为 0~100%RH。

(2)自动气象站湿度测报。无线电遥测自动气象站湿度测报原理如图 2-39 所示。

(3)汽车后窗玻璃自动去湿装置。其内部电路如图 2-40 所示。

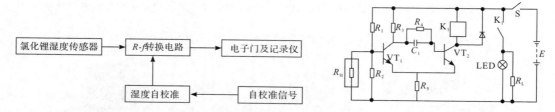

图 2-39 无线电遥测自动气象站的湿度测报原理　　　图 2-40 汽车后窗玻璃自动去湿装置的内部电路

(4)湿度传感器的实训设计。下面以采用 HS15 湿敏传感器设计测湿电路为例介绍湿度传感器的设计方法。

如图 2-41 所示,HS15 是一种在高湿度环境中具有很强适应性的电阻-高分子型湿度传感器,测量范围为 0~100%RH。图 2-41 中的电路虽没有线性化电路,但可以获得 ±5%RH 精度的输出信号,在 0~100%RH 湿度范围可输出 0~1 V 直流电压,后接相应电路就可组成测湿仪或控湿器。

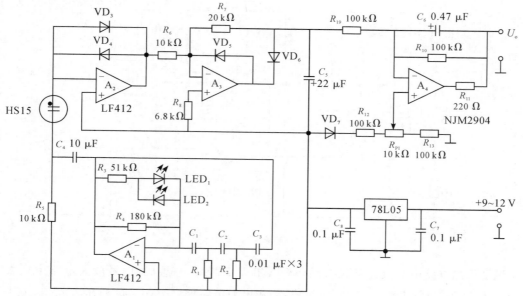

图 2-41 采用 HS15 湿敏传感器的测试电路

图中，A₁ 等构成正弦波电路，它将正弦波信号供给湿敏传感器 HS15，此处产生正弦波的频率约 90 Hz，电压有效值为 1.3 V。LED₁ 和 LED₂ 用于稳定振荡幅度，工作时并不发光，A₁ 的输出通过 C₄（无极性电解电容）同 HS15 连接。A₁ 偏置电压为 5 V，但此时供给 HS15 的波形已不含直流分量。A₂ 是利用 VD₃ 和 VD₄ 硅二极管正向电压、电流特性的对数压缩电路。HS15 的电阻变化所引起的电流变化在这里被对数压缩以后以电压信号输出，为在低湿度时与湿敏传感器的高阻抗相适应，选用了 FET 输入型运放 LF412。另外，为了在低湿度情况下，获得正确的测量值，A₂ 同湿敏传感器的连接点（反向输入端）应采用保护环等措施，以使它在电气上浮空。

对数压缩电路又兼作温度补偿电路，利用硅二极管正向电压—电流特性的温度系数，补偿湿敏传感器的温度特性。这里有些过补偿，接入 VD₇ 进行调节，同时 VD₃ 和 VD₄ 要接近传感器安装，使它们同湿敏传感器具有相同温度。

A₃ 与 VD₅、VD₆ 等构成半波整流电路，它截去被 A₂ 对数压缩过的交流信号的一个半周，经电容 C_5 滤波后变成直流信号。A₄ 用于对来自整流电路的支流信号进行电平移动，并输出 $U_。$。

调整时，先用一个 51 kΩ 电阻来代替 HS15，并使电路通电工作；调整 R_{P1}，使输出 $U_。$ 为 540～550 mV 后，切断电源，将 51 kΩ 电阻卸下，重新换上 HS15。

2.2　技能训练

2.2.1　框图

酒精检测仪框图如图 2-42 所示。酒精检测仪由酒精气体传感器、信号处理电路、执行机构、LED 显示器等部分组成。酒精气体传感器使用 MQ-3 还原性气体传感器，分压电路将电阻的变化量转换成电压的变化量。集成芯片 LM3914 作为执行机构来驱动 LED。LED 显示器由 10 个发光二极管组成，酒精浓度越大，点亮的二极管越多。

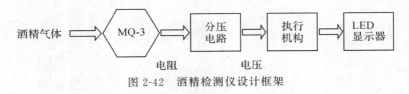

图 2-42　酒精检测仪设计框架

2.2.2　酒精传感器 MQ-3

1. 概述

酒精传感器 MQ-3 外形如图 2-43 所示。酒精传感器 MQ-3 所使用的气敏材料是在清洁空气中电导率较低的二氧化锡（SnO_2）。当传感器所处环境中存在酒精蒸气时，传感器的电导率随空气中酒精气体浓度的增加而增大，使用简单的电路即可将电导率的变化转换为与该气体浓度相对应的输出信号。

MQ-3 半导体酒精传感器对酒精的灵敏度高,可以抵抗汽油、烟雾和水蒸气的干扰。这种传感器可检测多种浓度酒精气体,是一款适合多种应用的低成本传感器。

2.结构

MQ-3 由微型 Al_2O_3 陶瓷管、SnO_2 敏感层、测量电极和加热器组成。敏感元件固定在塑料制成的腔体内,加热器为气体元件提供了必要的工作条件。

封装好的酒精传感器 MQ-3 有 6 只引脚,如图 2-44 所示,其中 4 个引脚(A-A,B-B)用于信号输出,2 个引脚(f-f)用于提供加热电流。连接电路时,f-f 连接加热电源 5 V。

图 2-43　MQ-3 实物外形

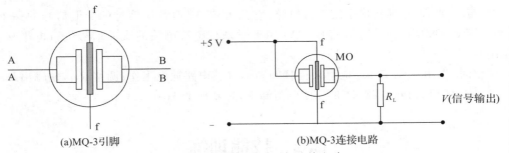

(a)MQ-3引脚　　　　　　　　　(b)MQ-3连接电路

图 2-44　MQ-3 引脚图与连接电路

2.2.3　电路原理图

1.电路原理图

酒精检测仪电路原理图如图 2-45 所示,电路采用 5 V 电源供电。气敏传感器 MQ-3 检测酒精蒸气的浓度,通过电阻分压电路将酒精浓度由电阻量转化为电压量,再通过 LM3914 按照电压大小驱动相应的发光管。

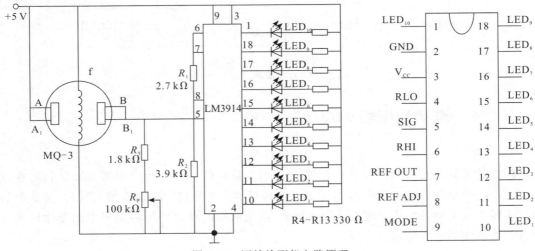

图 2-45　酒精检测仪电路原理

2. 工作过程

若检测到酒精蒸气，MQ-3 引脚 A-B 间电阻变小，MQ-3 输出电压即 LM3914 的 5 脚电位增大。通过集成驱动器 LM3914 对信号进行比较放大，当 LM3914 输入电压信号高于 5 脚电位时，输出低电平，对应 LED 灯点亮。LM3914 根据第 5 脚电位高低来确定依次点亮 LED 的数量，酒精含量越高则点亮 LED 越多。调试时通过电位器 R_P 调节测量的灵敏度。

2.2.4　酒精检测仪制作

1. 设备及元器件

根据实训项目要求准备好相关设备及元器件。

2. 元器件识别与检测

(1)根据元器件清单，清点组件。

(2)识别集成电路 LM3914 和气敏传感器 MQ-3 引脚。

(3)识别发光二极管引脚。

(4)使用万用表对电阻器和电位器进行检测，并记录色环电阻的阻值。

3. 焊接组装

(1)焊接前准备：

1)按照工艺要求对元器件引脚进行整形处理。

2)对照原理图和电路板图，查找元器件在电路板上的位置。

(2)焊接工艺要求：

1)电阻器、电位器卧式贴板焊接。

2)发光二极管立式贴板焊接。

3)集成电路采用插座贴板焊接。

4)酒精传感器 MQ-3 通过 3 根 3 cm 的导线连接到电路板上。

5)将 2 根 6 cm 长单芯导线，两头剥约 4 mm 挂锡，并连接到电路板的电源端。

6)焊点光亮，不能虚焊、连焊、错焊、漏焊，铜箔不能脱落，同时还要注意用锡要适量。焊完之后，将引脚剪掉，焊板上保留焊点高度 0.5～1 mm。

7)焊接时应注意 LED 极性连接正确。

4. 电路调试

(1)调试准备：

1)电路焊接完成后，再次检查各元件焊接位置是否正确、有无虚焊和连焊等现象。

2)将集成电路 LM3914 按标志方向插入集成电路插座。

3)把稳压电源输出电压调整为 5 V，将印刷电路板上的电源线接至稳压电源正、负端。

4)再次检查连接是否正确，接通＋5 V 电源。气体传感器工作电压要达到 5 V 以上，否则传感器不工作。

(2)电路调试：

1)将蘸有酒精的棉球靠近酒精传感器 MQ-3，电路板上的二极管依次点亮。将棉球远离酒精传感器 MQ-3，二极管依次熄灭。

2)将接入电路中的电位器阻值调小,将同样的棉球接近酒精传感器 MQ-3,二极管依次点亮的速度变慢;远离时亦然。

3)将接入电路中的电位器阻值调大,将同样的棉球接近酒精传感器 MQ-3,二极管依次点亮的速度变快;远离时亦然。

(3)电路测试:将蘸有酒精的棉球放置到一定位置后,使用万用表测量相关各点电压。

(4)故障排除:电路焊接正确时,若不接触酒精气体,LED 灯都不亮,也不出现冒烟等异常现象;将含有一定浓度的酒精气体物品靠近气敏传感器 MQ-3,发光二极管 LED$_1$ 灯点亮,随着酒精浓度不断增加,LED 灯依次点亮。

常见故障及排除方法:

1)接触酒精后电路不工作,主要原因可能是集成驱动芯片 LM3914 反向安装或者 MQ-3接错。

2)接触酒精后,点亮的发光二极管个数随距离变化不明显,主要原因是电路不够灵敏,应适当调节电位器。

思考与练习

1. 在有些热电阻传感器测温实践中,热电阻测量电桥必须用三线(四线)连接法(不能用二线连接法)。请给出三线(四线)连接法示意图,并简要说明采用三线(四线)连接法的理由和连线注意事项。

2. 请给出一款由 NTC 型热敏电阻传感器、三极管、继电器、二极管等元件构成的温度控制器原理图,并简要说明控制原理。

3. 请给出一款由 NTC 型热敏电阻传感器、电阻器、电压表、电池等元件构成的温度计原理图,并简要说明测量原理。

4. 请定量说明热电偶传感器测量温度的原理。

5. 请给出一款由半导体集成温度传感器 AD590 构成的摄氏温度计的原理电路,并简要说明测量原理。

6. 给出一款用两个半导体集成温度传感器 AD590 测量两点温差的原理电路,并定量说明测量原理。

7. 请选用半导体集成温度传感器 AD590、电压比较器、三极管、二极管、继电器、交流接触器等元件,为某型电热锅炉设计一款温度自动控制(温控)电路,加热器功率为 9 kW,使用三相交流电源。要求:①给出温控电路原理图;②简要说明温控原理;③说明温控灵敏度调节方法;④说明抑制在临界点附近干扰引起抖动的措施。

8. 请给出由半导体集成温度传感器 AD590 构成的智能多点温度巡检系统的构成框图,并简要说明巡检原理。

第 3 章 电感式传感器
——金属探测器的设计与制作

电磁感应原理:因磁通量变化产生感应电动势的现象(闭合电路的一部分导体在磁场里做切割磁感线的运动时,导体中就会产生电流,这种现象叫电磁感应)。

关于电磁感应的常用公式:

$$\left.\begin{aligned}
U &= L\frac{\mathrm{d}i}{\mathrm{d}t} \\
E &= \frac{\Delta\varphi}{\Delta t} = \frac{n\Delta\varphi}{\Delta t} = \frac{\Delta n\varphi}{\Delta t} = \frac{\Delta\Psi}{\Delta t} \\
\Psi &= Li \\
E &= \frac{\Delta Li}{\Delta t} = L\frac{\Delta i}{\Delta t} = L\frac{\mathrm{d}i}{\mathrm{d}t}
\end{aligned}\right\} \qquad (3-1)$$

利用电磁感应原理将被测非电量如位移、压力、流量、振动等转换成线圈自感量 L 或互感量 M 的变化,再由测量电路转换为电压或电流的变化量输出,这种装置称电感式传感器。

电感式传感器具有结构简单、工作可靠、测量精度高、零点稳定、输出功率较大等一系列优点;缺点是灵敏度、线性度和测量范围相互制约,传感器自身频率响应低,不适用于快速动态测量。这种传感器能实现信息的远距离传输、记录、显示和控制,在工业自动控制系统中被广泛采用。

电感式传感器种类很多,本章主要介绍自感式、差动变压器式(互感式)和电涡流式传感器这三大类传感器。

3.1 自感式传感器

3.1.1 自感式传感器的工作原理

先看一个实验:

将一只 380 V 交流接触器线圈与交流毫安表串联后,接到机床用控制变压器的 36 V 交流电压源上,如图 3-1 所示,这时毫安表的示值约为几十毫安。用手慢慢将接触器的活动铁芯(称为衔铁)往下按,会发现毫安表的读数逐渐减小。当衔铁与固定铁芯之间的气隙等于零时,毫安表的读数只剩下十几毫安。变隙式自感传感器结构如图 3-2 所示。

气隙变小,电感变大,电流变小。

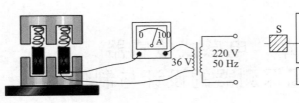

图 3-1　电感传感器工作原理演示　　　图 3-2　变隙式自感传感器结构

电感量计算公式：

$$L \approx \frac{N^2 \mu_0 A}{2\delta_0} \qquad (3\text{-}2)$$

式中，N 为线圈匝数；A 为气隙的有效截面积；μ_0 为真空磁导率；δ_0 为气隙厚度。

请自行分析电感量 L 与气隙厚度 δ 及气隙的有效截面积 A 之间的关系，并讨论有关线性度的问题。

自感式电感传感器常见的构造形式如图 3-3 所示。

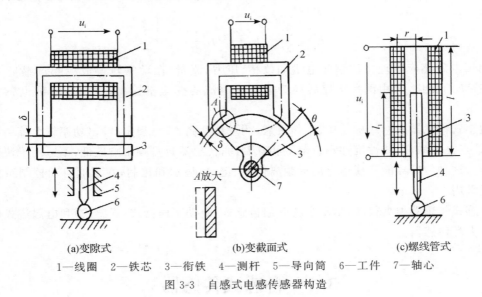

(a)变隙式　　　　　(b)变截面式　　　　　(c)螺线管式

1—线圈　2—铁芯　3—衔铁　4—测杆　5—导向筒　6—工件　7—轴心

图 3-3　自感式电感传感器构造

1. 变隙式

变隙式自感传感器的测量范围与灵敏度及线性度是相矛盾的，因此变隙式自感式传感器适用于测量微小位移场合。其 L-δ 特性曲线如图 3-4 所示。

为了减小非线性误差，实际中广泛采用差动变隙式电感传感器。

2. 变截面式

由式(3-2)可知，理论上电感量 L 与气隙截面积 A 成正比。变截面式自感传感器的输出特性如图 3-5 所示。

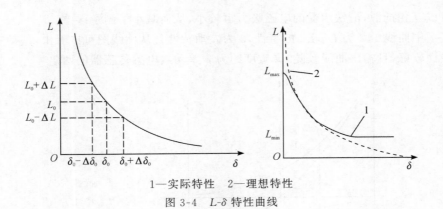

1—实际特性　2—理想特性

图 3-4　L-δ 特性曲线

3. 螺线管式

螺线管式自感传感器的主要特点：①电感量 L 与衔铁插入深度 l_1 成正比（在螺线管中部时）；②适应于测量较大位移；③灵敏度较低。

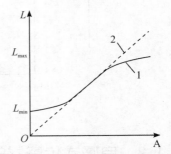

上述 3 种传感器的线圈中均通有交流励磁电流，因而衔铁始终承受电磁吸力，会引起附加误差，且非线性误差较大。另外，外界的干扰（如电源电压、频率、温度的变化）也会使输出产生误差，所以在实际工作中常采用差动形式，这样既可以提高传感器的灵敏度，又可以减小测量误差。

1—实际输出特性　2—理想输出特性

图 3-5　变截面式自感传感器的输出特性

差动式电感传感器的结构如图 3-6 所示。

例如，在变隙式差动电感传感器中，当衔铁随被测量移动而偏离中间位置时，图 3-6（a）中的 L_1 和 L_2 两个线圈的电感量一个增加，一个减小，形成差动形式。

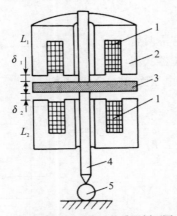

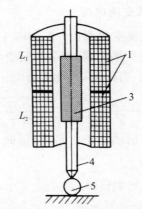

(a)变气隙式差动式自感传感器剖面图　　(b)螺线管式差动式自感传感器剖面图

1—差动线圈　2—铁芯　3—衔铁　4—测杆　5—工件

图 3-6　差动式电感传感器结构

从结构图可以看出，差动式电感传感器对外界影响，如温度的变化、电源频率的变化等基本上可以互相抵消,衔铁承受的电磁吸力也较小,从而减小了测量误差。

图 3-7 中曲线 1,2 为 L_1,L_2 的特性,3 为差动特性。从曲线图可以看出,差动式电感传感器的线性较好,且输出曲线较陡,灵敏度约为非差动式电感传感器的两倍。

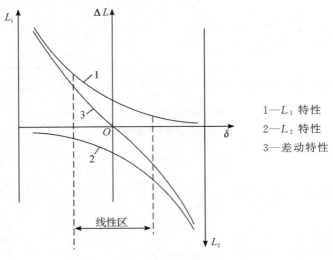

图 3-7 差动式电感传感器的特性

3.1.2 自感式传感器的测量转换电路

测量转换电路的作用是将电感量的变化转换成电压或电流的变化,以便用仪表指示出来。但若仅采用电桥电路和普通的检波电路,则只能判别位移的大小,却无法判别输出的相位和位移的方向。

如果在输出电压送到指示仪前,经过一个能判别相位的检波电路,则不但可以反映位移的大小(幅值),还可以反映位移的方向(相位)。这种检波电路称为相敏检波电路。

1. 变压器式交流电桥

变压器式交流电桥测量电路如图 3-8 所示,电桥两臂 Z_1,Z_2 为传感器线圈阻抗,另外两桥臂为交流变压器次级线圈的 1/2 阻抗。当负载阻抗为无穷大时,桥路输出电压为

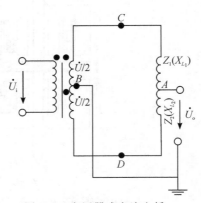

$$\dot{U}_\circ = \frac{Z_2\dot{U}}{Z_1+Z_2} - \frac{\dot{U}}{2} = \frac{Z_2-Z_1}{Z_1+Z_2}\frac{\dot{U}}{2} \qquad (3-3)$$

当传感器的衔铁处于中间位置,即 $Z_1 = Z_2 = Z$ 时有 $\dot{U}_\circ = 0$,电桥平衡。

当传感器衔铁上移时,即 $Z_1 = Z + \Delta Z$,$Z_2 = Z - \Delta Z$,则

图 3-8 变压器式交流电桥

$$\dot{U}_\circ = -\frac{\dot{U}}{2}\frac{\Delta Z}{Z} = -\frac{\dot{U}}{2}\frac{\Delta L}{L} \qquad (3-4)$$

当传感器衔铁下移时,此时 $Z_1 = Z - \Delta Z$,$Z_2 = Z + \Delta Z$,则

$$\dot{U}_。=\frac{\dot{U}}{2}\frac{\Delta Z}{Z}=\frac{\dot{U}}{2}\frac{\Delta L}{L}\qquad(3-5)$$

从上两式可知,衔铁上下移动相同距离时,输出电压的大小相等,但方向(相位)相反。由于 $\dot{U}_。$ 是交流电压,输出指示无法判断位移方向,必须配合相敏检波电路(见图 3-9)来解决。

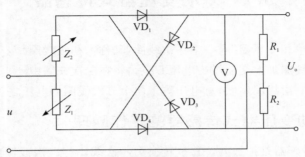

图 3-9　变压器式传感器的相敏检波电路

当衔铁偏离中间位置而使 $Z_1=Z+\Delta Z$ 增加,则 $Z_2=Z-\Delta Z$ 减少。这时当电源 u 上端为正,下端为负时,VD_1、VD_4 导通,电阻 R_1 上的压降大于 R_2 上的压降,电压表 V 输出上端为正,下端为负;当 u 上端为负,下端为正时,VD_2、VD_3 导通,R_1 上压降则大于 R_2 上的压降,电压表 V 输出上端为负,下端为正。

使用相敏整流,输出电压 $U_。$ 能反映衔铁位移的大小和方向。非相敏整流和相敏整流电路输出电压比较如图 3-10 所示。

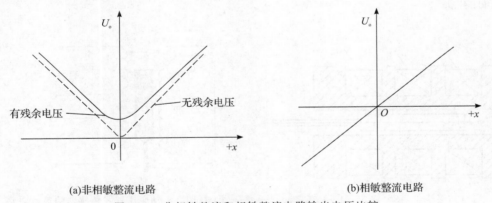

(a)非相敏整流电路　　　　　　　　　　　　(b)相敏整流电路

图 3-10　非相敏整流和相敏整流电路输出电压比较

2. 交流电桥式测量电路

图 3-11 所示为交流电桥测量电路,把传感器的两个线圈作为电桥的两个桥臂 Z_1 和 Z_2,另外两个相邻的桥臂用纯电阻代替,对于高 Q 值($Q=\omega L/R$)的差动式电感传感器,其输出电压

$$\dot{U}_。=\frac{\dot{U}}{2}\frac{\Delta Z_1}{Z_1}=\frac{\dot{U}}{2}\frac{j\omega \Delta L}{R_0+j\omega L_0}\approx\frac{\dot{U}}{2}\frac{\Delta L}{L_0}\qquad(3-6)$$

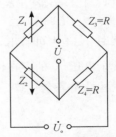

图 3-11　交流电桥测量电路

式中,L_0 为衔铁在中间位置时单个线圈的电感;ΔL 为

单线圈电感的变化量。

将 $\Delta L/L_0 = 2(\Delta\delta/\delta_0)$ 代入式(3-6),得 $\dot{U}_o = \dot{U}(\Delta\delta/\delta_0)$,电桥输出电压与 $\Delta\delta$ 有关。

3.2 差动变压器式传感器

电源中用到的"单相变压器"有一个一次线圈(又称为初级线圈),若干个二次线圈(又称次级线圈)。当一次线圈加上交流激磁电压 U_i 后,将在二次线圈中产生感应电压 U_o。在全波整流电路中,两个二次线圈串联,总电压等于两个二次线圈的电压之和。

3.2.1 差动变压器式传感器的工作原理

差动变压器式传感器是把被测位移量转换为一次线圈与二次线圈间的互感量 M 的变化的装置。当一次线圈接入激励电源之后,二次线圈就产生感应电动势,当两者间的互感量变化时,感应电动势也相应变化。由于两个二次线圈采用差动接法,故称为差动变压器。目前应用最广泛的结构形式是螺线管式差动变压器。

差动变压器的结构原理如图 3-12 所示,在线框上绕有一组输入线圈(称一次线圈),在同一线框的上端和下端再绕制两组完全对称的线圈(称二次线圈),它们反向串联,组成差动输出形式。

理想差动变压器的原理如图 3-13 所示。图中标有黑点的一端称为同名端,通俗说法是指线圈的"头"。

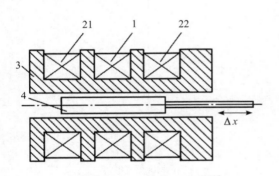

1—初级绕组　3—铁芯　4—衔铁

21—次级绕组1　22—次级绕组2

图 3-12　差动变压器式传感器的结构

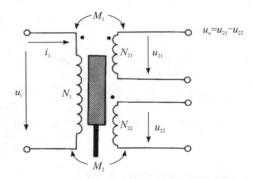

图 3-13　差动变压器式传感器的等效电路

从图 3-14 中可看出,当衔铁位于中心位置,输出电压 $\dot{U}_2$ 并不是零电位,这个电压就是零点残余电压 $\dot{U}_x$ 的存在使差动变压器式传感器的输出特性曲线不经过零点,造成实际特性和理论特性不完全一致。

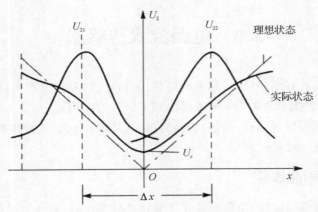

图 3-14　差动变压器式传感器输出电压特性曲线

3.2.2　差动变压器式传感器的测量转换电路

电路是以两个桥路整流后的直流电压之差作为输出的，所以称为差动整流电路，如图 3-15 所示。它不但可以反映位移的大小（电压的幅值），还可以反映位移的方向。

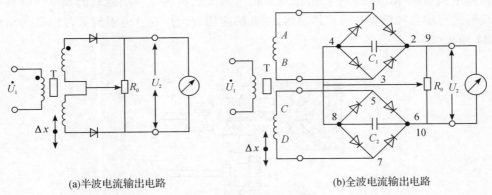

(a)半波电流输出电路　　　　　　　　(b)全波电流输出电路

图 3-15　差动整流电路

图 3-15 中的 R_0 是用来微调电路平衡的，$VD_1 \sim VD_4$，$VD_5 \sim VD_8$ 组成普通桥式整流电路。由图可知：

$$\dot{U}_2 = \dot{U}_{24} - \dot{U}_{68} \qquad (3-7)$$

差动变压器式传感器的相敏检波电路如图 3-16 所示。

使用相敏整流，输出电压 U_0 不仅能反映衔铁位移的大小和方向，而且还消除零点残余电压的影响，如图 3-10 所示。

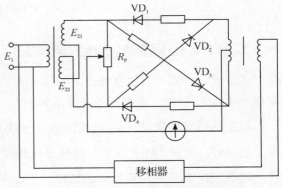

图 3-16　差动变压器式传感器的相敏检波电路

3.3　电涡流式传感器

电涡流式传感器具有结构简单、频率响应快、灵敏度高、测量范围大、抗干扰能力强的优点,在工业生产和科学技术的各个领域中都得到了广泛的应用。

电涡流式传感器可以对位移、振幅、表面温度、速度、应力、金属板厚度及金属物件的无损探伤等物理量实现非接触式测量。

3.3.1　电涡流效应

根据法拉第电磁感应定律,金属导体置于变化的磁场中时,导体表面就会有感应电流产生。电流的流线在金属体内自行闭合,这种由电磁感应原理产生的旋涡状感应电流称为电涡流。

电涡流的产生必然要消耗一部分能量,从而使产生磁场的线圈阻抗发生变化,这一物理现象称为电涡流效应。电涡流式传感器是利用电涡流效应,将非电量转换为阻抗的变化而进行测量的。

根据电涡流在导体中的贯穿情况,通常把电涡流式传感器按励磁电源频率的高低分为高频反射式传感器和低频透射式传感器,前者的应用较为广泛。电涡流式传感器的结构如图 3-17 所示。

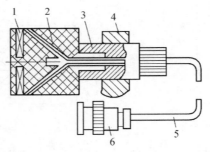

1—线圈　2—框架　3—框架衬套　4—支架　5—电缆　6—插头
图 3-17　电涡流式传感器的结构

3.3.2　电涡流式传感器的工作原理

当电涡流线圈与金属板的距离 x 减小时,电涡流线圈的等效电感 L 减小,流过电涡流线圈的电流 i_1 增大。电涡流效应演示如图 3-18 所示。

根据法拉第定律,当传感器线圈通以正弦交变电流 $\dot{i}_1$ 时,线圈周围空间必然产生正弦交变磁场 $\dot{H}_1$,使置于此磁场中的金属导体感应电涡流 $\dot{i}_2$,$\dot{i}_2$ 又产生新的交变磁场 $\dot{H}_2$。根据楞次定律,$\dot{H}_2$ 的作用将反抗原磁场 $\dot{H}_1$,导致传感器线圈的等效阻抗发生变化。

由上可知,线圈阻抗的变化完全取决于被测金属导体的电涡流效应。而电涡流效应既与被测体的电导率 σ、磁导率 μ 以及几何形状有关,又与线圈几何参数、线圈中激磁电流频

率 f 有关,还与线圈与导体间的距离 x 有关。因此,传感器线圈受电涡流影响时的等效阻抗 Z 的函数关系式为

$$Z = f(i_1, \sigma, \mu, r, f, x) \tag{3-8}$$

$$Z = R + j\omega L = F(\rho, \mu, f, \gamma, x) \tag{3-9}$$

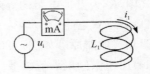

如果保持上式中其他参数不变,而使其中一个参数随被测量的变化而改变,传感器线圈阻抗 Z 就仅仅是这个参数的单值函数。因此通过与传感器配用的测量电路测出阻抗 Z 的变化量,即可实现对被测量的测量。

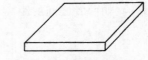

图 3-18 电涡流效应演示

3.3.3 电涡流式传感器的测量转换电路

电涡流式传感器的线圈与被测金属导体间的距离 x 的变化可以转换为品质因数、阻抗、线圈电感量 3 个参数的变化。利用阻抗的测量转换电路一般采用电桥电路,属于调幅电路。利用线圈电感量的测量转换电路一般采用谐振电路,根据输出是电压幅值还是电压频率,谐振电路又可分为调幅和调频两种。

1. 电涡流式传感器的电桥电路

(1)电涡流式传感器的电桥电路如图 3-19 所示。

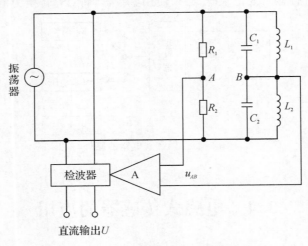

图 3-19 电涡流式传感器的电桥电路

2. 电涡流式传感器的谐振电路

电涡流式传感器线圈与电容并联组成并联谐振电路。该并联谐振电路的谐振频率为

$$f_0 = \frac{1}{2\pi\sqrt{LC}} \tag{3-10}$$

式中,f_0 为谐振电路的谐振频率(Hz);L 为电涡流式;传感器线圈的电感(H);C 为谐振电路的电容(F)。

谐振电路的等效阻抗为

$$Z_0 = \frac{L}{R'C} \tag{3-11}$$

式中，R' 为谐振电路的等效损耗电阻（Ω）。

（1）调幅式电路。

调幅式电路原理如图 3-20 所示。石英振荡器产生稳频、稳幅高频振荡电压（100 kHz～1 MHz）用于激励电涡流线圈。金属材料在高频磁场中产生电涡流，引起电涡流线圈端电压的衰减，再经高放、检波、低放电路，最终输出的直流电压 U。反映了金属体对电涡流线圈的影响（如两者之间的距离等参数）。

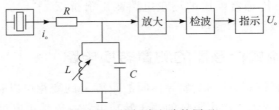

图 3-20　调幅式电路的原理

（2）调频式电路。

调频式电路原理如图 3-21 所示。当电涡流线圈与被测体的距离 x 改变时，电涡流线圈的电感量 L 也随之改变，引起 LC 振荡器的输出频率变化，此频率可直接用计算机测量。如果要用模拟仪表进行显示或记录时，必须使用鉴频器，将 Δf 转换为电压 ΔU。

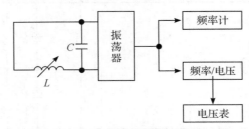

图 3-21　调频式电路的原理

3.4　电感式传感器的应用

3.4.1　自感式传感器的应用

1. 轴向式电感测微器的内部结构

轴向式电感测微器的内部结构如图 3-22 所示。

2. 自感式压力传感器

自感式压力传感器的结构原理如图 3-23 所示。

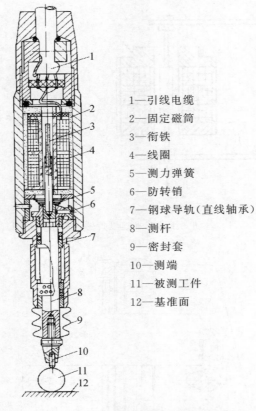

1—引线电缆
2—固定磁筒
3—衔铁
4—线圈
5—测力弹簧
6—防转销
7—钢球导轨（直线轴承）
8—测杆
9—密封套
10—测端
11—被测工件
12—基准面

图 3-22　轴向式电感测微器的内部结构

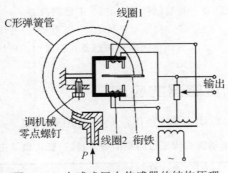

图 3-23　自感式压力传感器的结构原理

3.4.2　差动变压器式传感器的应用

1. 差动变压器式加速度传感器

差动变压器式加速度传感器的结构原理如图 3-24 所示。

2. 差动变压器式传感器在仿形机床中的应用

差动变压器式传感器在机床中的应用如图 3-25 所示。

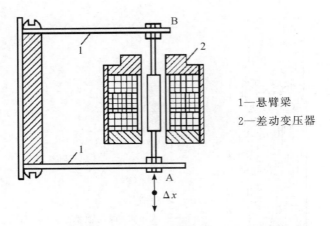

1—悬臂梁
2—差动变压器

图 3-24　差动变压器式加速度传感器的结构原理

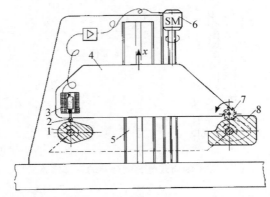

1—标准靠模样板　2—测端(靠模轮)　3—电感测微器　4—铣刀龙门框架
5—立柱　6—伺服电动机　7—铣刀　8—毛坯
图 3-25　差动变压器式传感器在机床中的应用

3.4.3　电涡流式传感器的应用

电涡流式传感器测量的恒定参数、变化量及主要用途见表 3-1。

表 3-1　电涡流式传感器测量的恒定参数、变化量及主要用途

恒定参数	变化量	主要用途
ρ,μ,f,γ	x	位移、厚度尺寸及振动幅度的测量
μ,f,γ,x	ρ	温度检测及材质的判断
ρ,x,f,γ	μ	应力及硬度的测试
f,γ	ρ,μ,x	物体的探伤

1. 位移测量

位移-电压关系曲线如图 3-26 所示。

2. 振幅测量

振幅测量示例如图 3-27 至图 3-29 所示。

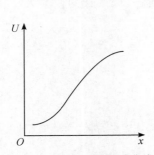

图 3-26　位移-电压关系曲线

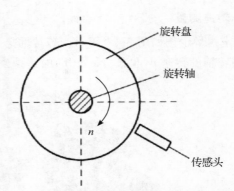

图 3-27　电涡流式传感器监控主轴的径向振动

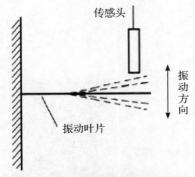

图 3-28　测量汽轮机涡轮叶片的振幅

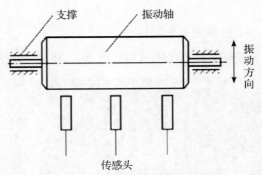

图 3-29　转动轴的振动测量

3. 厚度测量

厚度测量示例如图 3-30 所示。

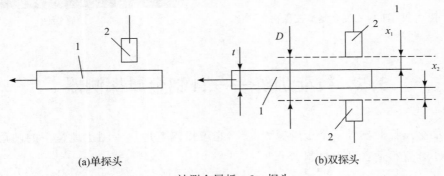

(a)单探头　　　　　　　　　　　(b)双探头

1—被测金属板　2—探头

图 3-30　厚度测量

在被测金属板 l 的上下方各装一个电涡流式传感器的探头 2,两个电涡流式传感器之间的距离为 D,且与被测金属板 1 的上下表面分别相距 x_1 和 x_2,这样被测金属板的厚度为 $t=D-(x_1+x_2)$,当两个传感器在工作时分别测得 x_1 和 x_2,转换成电压值后相加,相加后的电压值与两传感器间距离 D 对应的设定电压相减,就得到与板厚相对应的电压值。

4. 转速测量

转速测量示例如图 3-31 所示。若转轴上开 z 个槽（或齿），频率计的读数为 f（单位为 Hz），则转轴的转速 n（单位为 r/min）的计算公式为

$$n = 60\,\frac{f}{z} \tag{3-12}$$

图 3-31　转速测量

5. 电涡流表面探伤

电涡流表面探伤示例如图 3-32 和图 3-33 所示。

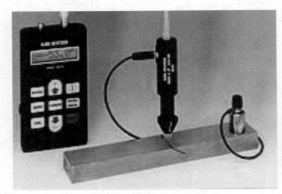

图 3-32　手持式裂纹测量仪探伤　　　　　图 3-33　油管探伤

3.5　技能训练——自制金属探测器

自制的金属探测器是一个金属探测电路，它可以隔着地毯探测出地毯下的硬币或金属片。这个小装置很适合动手自制。

3.5.1　元器件的准备

电路中的 NPN 型三极管型号为 9014，三极管 VT_1 的放大倍数不要太大，这样可以提高电路的灵敏度。VD_1，VD_2 为 1N4148。电阻均为 1/8 W。

金属探测器的探头是一个关键元件，它是一个带磁芯的电感线圈。磁芯可选 Φ10 mm 的收音机天线磁棒，截取 15 mm，再用绝缘板或厚纸板做两个直径为 20 mm 的挡板，中间各挖一个 Φ10 mm 的孔，然后套在磁芯两端，如图 3-34 所示。最后 Φ0.31 mm 的漆包线在

磁芯上绕 300 匝,这样做的探头效果最好。如果不能自制,也可以买一只 6.8 mH 的成品电感器,但必须是那种绕在"工"字形磁心上的立式电感器,而且电感器的电阻值越小越好。

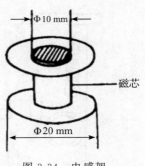

图 3-34 电感架

3.5.2 制作与调试

图 3-35 所示为金属探测器的电路原理图,图 3-36 所示为它的电路板安装图,图 3-37 所示为它的电路板元件安装图。组装前将所用元器件的管脚引线处理干净并镀上锡。对照 3 个图,依次将电阻器、二极管、电容器、三极管、发光二极管、微调电阻器焊到电路板上,再将电感探头、开关、电池夹连接到电路板上。电路装好,检查无误就可以通电调试。接通电源,将微调电阻器 R_P 的阻值由大到小慢慢调整,直到发光二极管亮为止。然后用一金属物体接近电感探头的磁心端面,这时发光二极管会熄灭。调整微调电阻器 R_P 可以改变金属探测器的灵敏度,微调电阻器 R_P 的阻值过大或过小电路均不能工作。如果调整得好,电路的探测距离可达 20 mm。但要注意金属探测器的电感探头不要离元器件太近,在装盒时不要使用金属外壳,必要时也可以将金属探测器的电感探头引出,用非金属材料固定它。

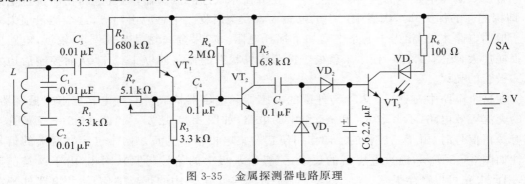

图 3-35 金属探测器电路原理

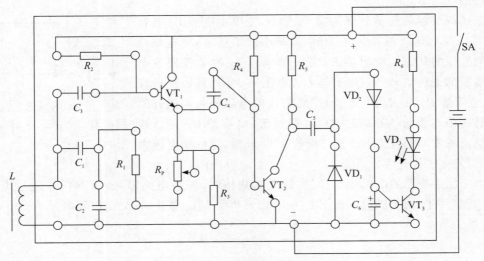

图 3-36 电路板安装

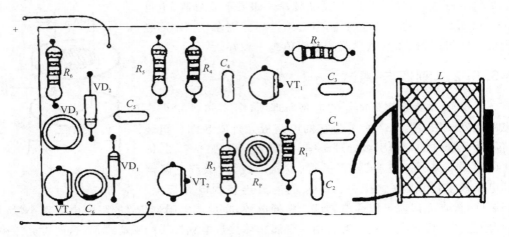

图 3-37　电路板元件安装

3.5.3　电路工作原理

金属探测器电路中的主要部分是一个处于临界状态的振荡器,当有金属物品接近电感 L(即探测器的探头)时,线圈中产生的电磁场将在金属物品中感应出涡流,这个能量损失来源于振荡电路本身,相当于电路中增加了损耗电阻。如果金属物品与线圈 L 较近,电路中的损耗加大,线圈值降低,使本来就处于振荡临界状态的振荡器停止工作,从而控制后边发光二极管的亮灭。

在这个电路中,三极管 VT_1 与外围的电感器和电容器构成了一个电容三点式振荡器。它的交流等效电路(不考虑 R_P 和 R_2 作用的电路)如图 3-38 所示。当图 3-38 中三极管基极有一正信号时,由于三极管的反向作用使它的集电极信号为负。两个电容器两端的信号极性如图 3-38 所示,通过电容器的反馈,三极管基极上的信号与原来同相,由于这是正反馈,因此电路可以产生振荡。R_P 和 R_1 的存在,削弱了电路中的正反馈信号,使电路处于刚刚起振的状态下。

金属探测器的振荡频率约为 40 kHz,主要由电感 L、电容器 C_1 及 C_2 决定。调节电位器 R_P 以减小反馈信号,使电路处在刚刚起振的状态。电阻器 R_2 是三极管 VT_1 的基极偏置电阻。微弱的振荡信号通过电容器 C_4、电阻器 R_3 送到由三极管 VT_2、电阻器 R_4 和 R_5、电容器 C_5 等组成的电压放大器进行放大。然后由二极管 VD_1 和 VD_2 进行整流,电容器 C_6 进行滤波。整流滤波后的直流电压使三极管 VT_3 导通,它的集电极为低电平,发光二极管 VD_3 亮。

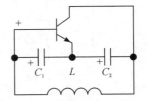

图 3-38　电容三点式振荡器

当金属探测器的电感探头 L 接近金属物体时,振荡电路停振,没有信号通过电容器 C_4,三极管 VT_3 的基极得不到正电压,所以三极管 VT_3 截止,发光二极管熄灭。

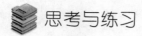 思考与练习

1. 电感式传感器的工作原理是什么？能够测量哪些物理量？

2. 变隙式传感器主要由哪几部分组成？有什么特点？

3. 概述电涡流式传感器的基本结构与工作原理。

4. 电感式传感器有哪些特点？

5. 分析比较变磁阻式自感传感器、差动变压器式互感传感器的工作原理和灵敏度。

6. 试分析差动变压器相敏检测电路的工作原理。

7. 某些传感器在工作时采用差动结构，这种结构相对于基本结构有什么优点？

8. 试分析差动变压器式电感传感器的相敏整流测量电路的工作过程。带相敏整流的电桥电路具有哪些优点？

9. 差动变压器式传感器的零点残余电压产生的原因是什么？怎样减小和消除它的影响？

第 4 章　电容式传感器

4.1　电容式传感器的基本原理和类型

两平行极板组成的电容器如图 4-1 所示,若忽略其边缘效应,其电容量可表示为

$$C = \frac{\varepsilon S}{d} = \frac{\varepsilon_r \varepsilon_0 S}{d} \tag{4-1}$$

式中,S 为极板相互遮盖面积($\mathrm{m^2}$);d 为两平行极板间的距离(m);ε 为极板间介质的介电常数($\varepsilon = \varepsilon_r \varepsilon_0$);$\varepsilon_r$ 为极板间介质的相对介电常数;ε_0 为真空的介电常数,$\varepsilon_0 = 8.85 \times 10^{-12}$ F/m。

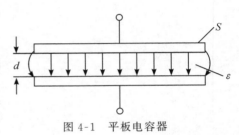

图 4-1　平板电容器

由式(4-1)可见,在 ε_r,S,d 这 3 个参量中,只要保持其中两个不变,而使另一个随被测量的改变而改变,则电容 C 随被测量的改变而改变,通过测量电容 C 的变化量即可反映被测量的变化,这就是电容式传感器的工作原理。

电容式传感器在实际应用中有 3 种基本类型,即变极距型、变面积型和变介质型。

电容式传感器的结构形式有多种多样,图 4-2 示出了一些典型的结构形式。其中(a)至(f)为变面积型电容式传感器,(g)至(j)为变介质型电容式传感器,(k)和(l)为变极距型电容式传感器。

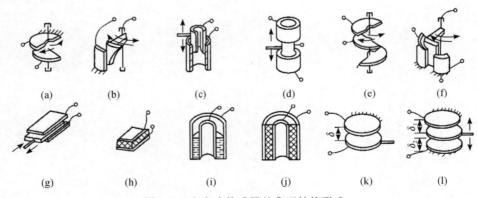

(a)　　(b)　　(c)　　(d)　　(e)　　(f)

(g)　　(h)　　(i)　　(j)　　(k)　　(l)

图 4-2　电容式传感器的典型结构形式

4.2 电容式传感器的特性

电容式传感器的特性是指传感器的电容变化量与输入量之间的关系。不同类型的电容式传感器,它们的特性是不同的。

4.2.1 变极距型电容式传感器的特性

1. 空气介质的变极距型电容式传感器

变极距型电容式传感器保持两极板遮盖面积 S 和极板间介质不变,而使极距 d 随被测量改变。图 4-3 所示为变极距型电容式传感器的工作原理图。

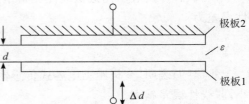

图 4-3 变极距型电容式传感器

变极距型的电容式传感器的两极板中,极板 2 是固定不变的,称为定极板;极板 1 是可动的,称为动极板。当动极板 1 随被测量的变化而引起移动时,就改变了两极板间的极距 d,从而使电容量发生变化。

设动极板未动时的起始电容量为

$$C_0 = \frac{S\varepsilon_0}{d_0} \tag{4-2}$$

式中,d_0 为起始极距。由式(4-2)可知,电容量 C 与极距 d 的关系曲线为一双曲线,如图 4-4 所示。当动极板靠近定极板移动 Δd 后,其电容量为

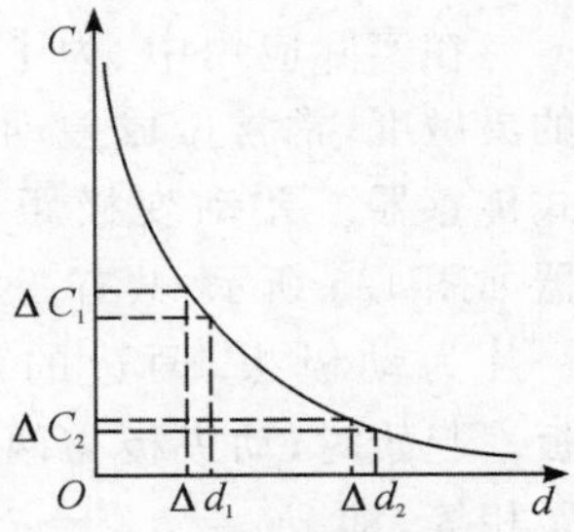

$$C = \frac{S\varepsilon_0}{d_0 - \Delta d} \tag{4-3}$$

图 4-4 C-d 特性曲线

由上式可见,电容量 C 与 Δd 不是线性关系。式(4-3)也可以写成

$$C = \frac{S\varepsilon_0}{d_0 - \Delta d} = \frac{S\varepsilon_0}{d_0\left(1 - \dfrac{\Delta d}{d_0}\right)} = C_0 \, \frac{1}{1 - \dfrac{\Delta d}{d_0}} \tag{4-4}$$

设电容量的变化量 $\Delta C = C - C_0$,由式(4-4)得电容量的相对变化量为

$$\frac{\Delta C}{C_0} = \frac{\dfrac{\Delta d}{d_0}}{1 - \dfrac{\Delta d}{d_0}} \tag{4-5}$$

当 $\Delta d \ll d_0$,即位移 Δd 远小于极板初始极距 d_0 时,式(4-5)可展开为级数形式,即

$$\frac{\Delta C}{C_0} = \frac{\Delta d}{d_0}\left[1 + \frac{\Delta d}{d_0} + \left(\frac{\Delta d}{d_0}\right)^2 + \left(\frac{\Delta d}{d_0}\right)^3 + \cdots\right] \tag{4-6}$$

若忽略式中的高次项,得

$$\frac{\Delta C}{C_0} \approx \frac{\Delta d}{d_0} \qquad\qquad (4\text{-}7)$$

式(4-7)表明,在位移 Δd 远小于极板初始极距 d_0 的条件下,电容的变化量 ΔC 或相对变化量 $\Delta C/C_0$ 与极距变化量 Δd 近似呈线性关系。

由式(4-7)可得变极距型电容式传感器的灵敏度

$$K = \frac{\Delta C/C_0}{\Delta d} = \frac{1}{d_0} \qquad\qquad (4\text{-}8)$$

即变极距型电容式传感器的灵敏度 K 与起始极距 d_0 成反比,d_0 越小,灵敏度越高。

以式(4-7)所表示的近似线性关系作为参考直线,可求得变极距型电容式传感器的非线性误差为

$$\delta_L = \pm \left| \frac{\Delta d}{d_0} \right| \times 100\% \qquad\qquad (4\text{-}9)$$

式(4-9)表明,变极距型电容式传感器的非线性误差 δ_L 与起始极距 d_0 也成反比,d_0 越小,非线性误差越大。

对比式(4-8)和式(4-9)可见,提高变极距型电容式传感器的灵敏度与减小非线性误差是相矛盾的。为保证传感器的灵敏度和线性度,起始位移和位移量程不能太大,一般取 $d_0 \leqslant 1$ mm,$\Delta d/d_0 = 0.02 \sim 0.1$。

2. 差动变极距电容式传感器

在实际应用中,为了提高传感器的灵敏度,常常做成差动结构的电容式传感器。差动变极距电容式传感器如图 4-5 所示,共有 3 片极板,中间一片为动极板,两边的两片为定极板。起始时,动极板与两定极板的极距相等,即 $d_{10} = d_{20} = d_0$,起始电容量 $C_{10} = C_{20} = C_0$。当动极板移动距离 Δd 后,一边的极距变为 $d_1 = d_0 - \Delta d$,另一边的极距则变为 $d_2 = d_0 + \Delta d$。这时两电容的电容量为

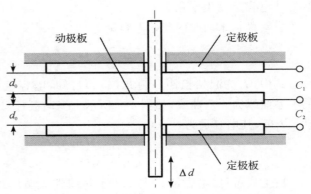

图 4-5　差动式变极距型电容式传感器

$$C_1 = C_0 \frac{1}{1 - \dfrac{\Delta d}{d_0}} \qquad\qquad (4\text{-}10)$$

$$C_2 = C_0 \frac{1}{1 + \dfrac{\Delta d}{d_0}} \qquad\qquad (4\text{-}11)$$

将式(4-10)和式(4-11)展开为级数形式,有

$$C_1 = C_0 \left[1 + \frac{\Delta d}{d_0} + \left(\frac{\Delta d}{d_0}\right)^2 + \left(\frac{\Delta d}{d_0}\right)^3 + \cdots \right] \qquad\qquad (4\text{-}12)$$

$$C_2 = C_0 \left[1 - \frac{\Delta d}{d_0} + \left(\frac{\Delta d}{d_0}\right)^2 - \left(\frac{\Delta d}{d_0}\right)^3 + \cdots \right] \qquad\qquad (4\text{-}13)$$

将这两个差动电容接入相应的测量电路,测量电路的输出与两个差动电容的电容量的总变化量 $\Delta C = C_1 - C_2$ 成正比。由式(4-12)和式(4-13)可得两个差动电容的电容量的总变化量

$$\Delta C = C_1 - C_2 = C_0 \left[2\left(\frac{\Delta d}{d_0}\right) + 2\left(\frac{\Delta d}{d_0}\right)^3 + \cdots \right] \tag{4-14}$$

忽略式中的高次项,得电容的相对变化量为

$$\frac{\Delta C}{C_0} \approx 2\frac{\Delta d}{d_0} \tag{4-15}$$

由式(4-15)可得差动变极距型电容式传感器的灵敏度

$$K = \frac{\Delta C / C_0}{\Delta d} = \frac{2}{d_0} \tag{4-16}$$

以式(4-15)所表示的近似线性关系作为参考直线,可求得差动变极距型电容式传感器的非线性误差为

$$\delta_L = \pm \left(\frac{\Delta d}{d_0}\right)^2 \times 100\% \tag{4-17}$$

比较式(4-8)和式(4-16)、式(4-9)和式(4-17)可知,差动变极距型电容式传感器与单端结构相比,非线性误差可减小一个数量级,同时,灵敏度可提高约一倍。

3. 具有部分固体介质的变极距型电容式传感器

由上述分析知,减小极距 d 可使电容量加大,从而使灵敏度提高,但 d 过小容易引起电容击穿。为此,可以在极板间放置一层固体介质来改善电容式传感器的特性,如图 4-6 所示。

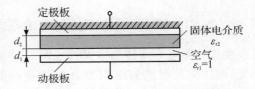

图 4-6　具有固体介质的变极距型电容式传感器

在极板间放置一层固体介质时,电容式传感器的电容 C 可等效为两电容串联,可写成

$$C = \frac{S}{\dfrac{d_1}{\varepsilon_0} + \dfrac{d_2}{\varepsilon_2}} = \frac{\varepsilon_0 S}{d_1 + d_2/\varepsilon_{r2}} \tag{4-18}$$

式中,ε_2 为固体介质的介电常数,$\varepsilon_2 = \varepsilon_{r2}\varepsilon_0$;$\varepsilon_0$ 为空气的介电常数;ε_{r2} 为固体介质的相对介电常数;d_1 为空气隙的厚度;d_2 为固体介质的厚度。

当动极板向上移动使空气隙的厚度 d_1 减小 Δd 时,电容式传感器的电容 C 将增大 ΔC,变为

$$C + \Delta C = \frac{\varepsilon_0 S}{d_1 - \Delta d + d_2/\varepsilon_{r2}} \tag{4-19}$$

由式(4-19)可导出电容式传感器的电容相对变化为

$$\frac{\Delta C}{C} = \frac{\Delta d}{d_1 + d_2} N_1 \frac{1}{1 - N_1 \Delta d/(d_1 + d_2)} \tag{4-20}$$

且

$$N_1 = \frac{d_1 + d_2}{d_1 + d_2/\varepsilon_{r2}} = \frac{1 + d_2/d_1}{1 + d_2/d_1\varepsilon_{r2}} \tag{4-21}$$

当 $N_1 \Delta d/(d_1 + d_2) \ll 1$,即位移 Δd 很小时,式(4-20)可展开为级数形式

$$\frac{\Delta C}{C} = \frac{\Delta d}{d_1 + d_2} N_1 \left[1 + N_1 \frac{\Delta d}{d_1 + d_2} + \left(N_1 \frac{\Delta d}{d_1 + d_2} \right)^2 + \left(N_1 \frac{\Delta d}{d_1 + d_2} \right)^3 + \cdots \right] \quad (4\text{-}22)$$

由式(4-22)可见，N_1 的大小既对传感器的灵敏度有影响，又对传感器的非线性有影响，因此既是灵敏度因子，又是非线性因子。N_1 的大小取决于固体介质与空气隙的厚度比 d_2/d_1 和固体介质的相对介电常数 ε_{r2}。图 4-7 给出了 N_1 与 d_2/d_1 的关系曲线，曲线以 ε_{r2} 为参变量。由图可见，固体介质与空气隙的厚度比 d_2/d_1 越大，N_1 越大，灵

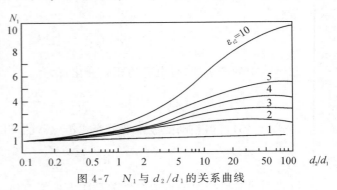

图 4-7　N_1 与 d_2/d_1 的关系曲线

敏度越高，同时非线性也越大。在相同的 d_2/d_1 值下，固体介质的相对介电常数 ε_{r2} 越大，N_1 越大。

常用的固体介质为云母片或塑料膜。云母的介电系数为空气的 7 倍，云母的击穿电压不少于 10^3 kV/mm(空气的击穿电压仅为 3 kV/mm)。厚度仅为 0.01 mm 的云母片，它的击穿电压也不小于 10 kV。因此有了云母片，极板之间的距离可大大减小，还能提高电容式传感器的灵敏度。

4.2.2　变面积型电容式传感器的特性

变面积型电容式传感器保持极距 d 和极板间介质不变，而使两极板遮盖面积 S 随被测量改变。变面积型电容式传感器有多种结构形式。

图 4-8 所示为直线位移结构变面积型电容式传感器的工作原理图。设起始时两极板完全覆盖，极板面积 $S = ab$，当其中一块沿 x 方向移动时，覆盖面积就发生变化，电容量 C 也随之改变。

当位移 $\Delta x = 0$ 时，起始电容量

$$C_0 = \frac{\varepsilon ba}{d} \quad (4\text{-}23)$$

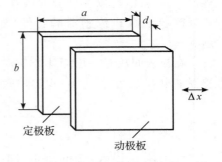

图 4-8　直线位移结构变面积型电容式传感器的工作原理

当位移 $\Delta x \neq 0$ 时，电容量

$$C = \frac{\varepsilon b (a - \Delta x)}{d} = C_0 \left(1 - \frac{\Delta x}{a} \right) = C_0 + \Delta C \quad (4\text{-}24)$$

电容量的变化量

$$\Delta C = C - C_0 = -\frac{C_0}{a} \Delta x = -\frac{\varepsilon b}{d} \Delta x \quad (4\text{-}25)$$

由式(4-25)可见，这种形式的传感器，电容量的变化量 ΔC 与位移 Δx 呈线性关系。

传感器的灵敏度 K 为

$$K = \frac{\Delta C}{\Delta x} = -\frac{C_0}{a} = -\frac{\varepsilon b}{d} \quad (4\text{-}26)$$

由式(4-26)可知,这种形式的电容式传感器的灵敏度为常数。增大起始电容量 C_0,亦即增大 b 或减小 d,皆可提高传感器的灵敏度。但是,在实际情况下,b 值的增大要受结构的限制,而 d 值的减小要受电场强度的限制,传感器的灵敏度不高。

图 4-9 所示为角位移结构变面积型电容式传感器的工作原理图。设起始时两极板完全覆盖,当动极板有一角位移 θ 时,两极板的覆盖面积改变,因而改变了两极板间的电容量 C。

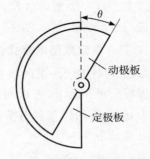

图 4-9　角位移结构变面积型电容式传感器的工作原理

当 $\theta = 0$ 时,起始电容量

$$C_0 = \frac{\varepsilon S}{d} \tag{4-27}$$

式中,S 为极板面积;d 为极距。

当 $\theta \neq 0$ 时,电容量

$$C = \frac{\varepsilon S (1 - \theta/\pi)}{d} = C_0 \left(1 - \frac{\theta}{\pi}\right) = C_0 + \Delta C \tag{4-28}$$

电容量的变化量

$$\Delta C = C - C_0 = -\frac{C_0}{\pi} \theta \tag{4-29}$$

由式(4-29)可见,这种形式的传感器,电容量的变化量 ΔC 与角位移 θ 呈线性关系。传感器的灵敏度 K 为

$$K = \frac{\Delta C}{\theta} = -\frac{C_0}{\pi} \tag{4-30}$$

综合对以上两种结构形式的变面积型电容式传感器的分析可知:变面积型电容式传感器具有线性特性,灵敏度为常数;传感器的灵敏度与起始电容量 C_0 有关,增大起始电容量 C_0 可提高传感器的灵敏度。变面积型电容式传感器还可做成其他结构形式,它们的基本特性与这两种结构形式的基本特性类似。

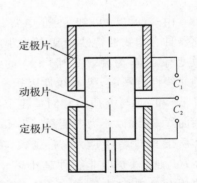

图 4-10　圆筒形极片的差动表面积型电容式传感器

变面积型电容式传感器也可做成差动结构。图 4-10 所示为圆筒形极片的差动变面积型电容式传感器,其中上、下两个圆筒是定极片,而中间圆筒为动片,当动片向上移动时,与上极片的遮盖面积增加,而与下极片的遮盖面积减小,两者变化的数值相等,反之亦然。差动结构的变面积型电容式传感器,其灵敏度比单端结构的灵敏度提高一倍。

4.2.3　变介质型电容式传感器的特性

在两电极间加以空气以外的其他介质,当介质或介质的介电常数发生变化时,电容量也

随之改变。这种类型的电容式传感器称为变介质型电容式传感器。变介质型电容式传感器还可进一步分为变介电常数型电容式传感器和介质截面积变化型电容式传感器。

1. 变介电常数型电容式传感器的特性

如图 4-11 所示,在两极板间有一层介质,设两极板的极距为 a,极板面积为 S,介质层的厚度为 d,介质的相对介电常数为 ε_r,可求得起始的电容量为

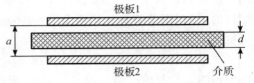

图 4-11　变介电常数型电容式传感器

$$C_0 = \frac{S}{\dfrac{a-d}{\varepsilon_0}+\dfrac{d}{\varepsilon_r\varepsilon_0}} = \frac{\varepsilon_0 S}{(a-d)+\dfrac{d}{\varepsilon_r}} \tag{4-31}$$

当介质的相对介电常数变化 $\Delta\varepsilon_r$ 时,可导出电容量的相对变化为

$$\frac{\Delta C}{C_0} = \frac{\Delta\varepsilon_r}{\varepsilon_r} N_2 \frac{1}{1+N_3\left(\dfrac{\Delta\varepsilon_r}{\varepsilon_r}\right)} \tag{4-32}$$

且

$$N_2 = \frac{1}{1+\dfrac{\varepsilon_r(a-d)}{d}} \tag{4-33}$$

$$N_3 = \frac{1}{1+\dfrac{d}{\varepsilon_r(a-d)}} \tag{4-34}$$

当 $N_3\left(\dfrac{\Delta\varepsilon_r}{\varepsilon_r}\right)\ll 1$ 时,式(4-31)可展开为级数形式

$$\frac{\Delta C}{C_0} = \frac{\Delta\varepsilon_r}{\varepsilon_r} N_2 \left[1-\left(N_3\frac{\Delta\varepsilon_r}{\varepsilon_r}\right)+\left(N_3\frac{\Delta\varepsilon_r}{\varepsilon_r}\right)^2-\left(N_3\frac{\Delta\varepsilon_r}{\varepsilon_r}\right)^3+\cdots\right] \tag{4-35}$$

由式(4-35)可知,变介电常数型电容式传感器具有非线性特性。N_2 的大小对传感器的灵敏度有影响,为灵敏度因子;N_3 的大小对传感器的非线性有影响,为非线性因子。图 4-12 给出了 N_2 和 N_3 与介质层相对厚度 $d/(a-d)$ 的关系曲线,曲线以 ε_r 为参变量。$d/(a-d)$ 越大,即介质层相对厚度越大,N_2 越大,亦即灵敏度越高;N_3 越小,亦即非线性越小。ε_r 越大,即介质的相对介电常数越大,N_2 越大,亦即灵敏度越高;N_3 越小,亦即非线性越小。

这类传感器常用来测量介质的介电常数和监测材料的性能变化等。

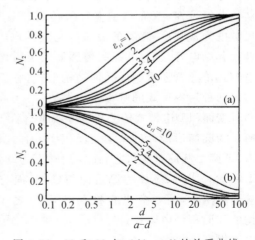

图 4-12　N_2 和 N_3 与 $d/(a-d)$ 的关系曲线

2. 介质截面积变化型电容式传感器的特性

介质层的厚度变化相当于介质截面积变化。当介质层的厚度变化 Δd 时,电容量的相对变化为

$$\frac{\Delta C}{C_0} = \frac{\Delta d}{d} N_4 \frac{1}{1 - N_4(\Delta d/d)} \tag{4-36}$$

且

$$N_4 = \frac{1}{1 + \dfrac{\varepsilon_r(a-d)}{d}} \tag{4-37}$$

当 $N_4(\Delta d/d) \ll 1$ 时,式(4-36)可展开为级数形式

$$\frac{\Delta C}{C_0} = \frac{\Delta d}{d} N_4 \left[1 + \left(N_4 \frac{\Delta d}{d} \right) + \left(N_4 \frac{\Delta d}{d} \right)^2 + \left(N_4 \frac{\Delta d}{d} \right)^3 + \cdots \right] \tag{4-38}$$

由式(4-38)可见,介质截面积变化型电容式传感器也具有非线性特性。N_4 的大小既对传感器的灵敏度有影响,又对传感器的非线性有影响,因此既是灵敏度因子,又是非线性因子。图 4-13 给出了 N_4 与介质层相对厚度 $d/(a-d)$ 的关系曲线,曲线以 ε_r 为参变量。$d/(a-d)$ 越大,即介质层相对厚度越大,N_4 越大,亦即灵敏度越高,同时非线性也越大。ε_r 越小,N_4 越大,亦即灵敏度越高,同时非线性也越大。

这类传感器常用来监测介质的厚度变化等。

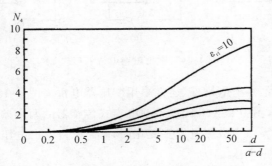

图 4-13　N_4 与 $d/(a-d)$ 的关系曲线

4.3　电容式传感器的测量电路

电容式传感器的电容量十分微小,一般为几皮法至几十皮法,这样微小的电容量不便于直接测量、显示,更不便于传输。为此,必须借助于测量电路,检测出这一微小的电容变化量,并转换为与其成比例的电压、电流或频率信号。在实际应用中,测量电路种类很多,下面仅就常用的几种典型测量电路予以介绍。

4.3.1　交流不平衡电桥

交流不平衡电桥是电容式传感器最基本的一种测量电路。应用于电容式传感器的交流电桥称为电容电桥。在电容电桥中,电容式传感器作为其中一个桥臂(差动电容式传感器则作为其中两个相邻桥臂),其余桥臂则由固定阻抗元件(固定电阻、固定电容或固定电感)构成。常见电容电桥的形式如图 4-14 所示,当采用差动电容式传感器时,图中 C_1、C_2 代表传感器的两个差动电容;当采用单个电容式传感器时,图中 C_1 代表传感器的电容,C_2 为相匹配的固定电容。从灵敏度考虑,图中(f)的灵敏度最高,(d)次之。在设计和选择电桥形式

时,除了考虑其灵敏度外,还应考虑输出电压是否稳定,输出电压与电源电压间的相移大小,元件所允许的功耗,结构上是否容易实现等问题。实际的电容电桥电路还应有零点平衡调整、灵敏度调整等附加电路。

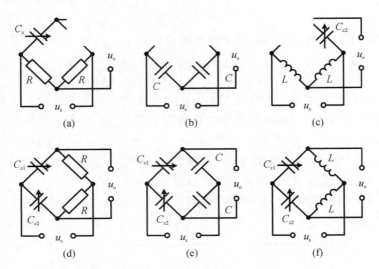

图 4-14　常见电容电桥的形式

除采用一般的交流不平衡电桥外,还常采用变压器电桥。图 4-15 所示为接有差动电容式传感器的变压器电桥,图中 C_1,C_2 代表差动电容式传感器的两个差动电容。起始时 $C_1 = C_2 = C_0$,输出电压 u_o 为零。当被测量发生变化时,$C_1 \neq C_2$,输出电压 $u_o \neq 0$。设 $C_1 = C_0 + \Delta C$,$C_2 = C_0 - \Delta C$,则输出电压 u_o 为

$$u_o = \frac{C_1 - C_2}{C_1 + C_2}\dot{U}_s = \frac{\Delta C}{C_0}\dot{U}_s \tag{4-39}$$

式(4-39)表明,输出电压 u_o 反映了电容式传感器的电容变化量,且与电容变化量呈线性关系。

应该指出:上述各种电桥输出电压是在假设负载阻抗为无限大(即输出端开路)时得到的,实际上由于负载阻抗的存在而使输出电压偏小。同时因为电桥输出为交流信号,故不能判断信号的极性,只有将电桥输出信号经交流放大后,再采用相敏检波电路和低通滤波器,最后才能得到反映输入信号极性的直流输出信号。图 4-16 所示为一种实用的变压器电桥测量电路的原理图。

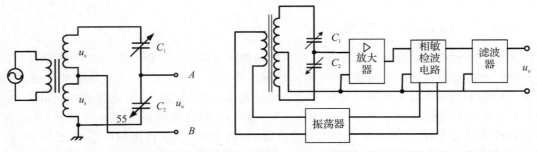

图 4-15　接有差动电容式传感器的变压器电桥　图 4-16　一种实用的变压器电桥测量电路的原理

4.3.2　二极管双 T 电桥

二极管双 T 电桥是利用电容器充放电原理构成的测量电路,图 4-17 所示为是它的原理图。其中 e 是高频电源,提供幅值电压为 U_E 的对称方波;C_1 和 C_2 为差动电容式传感器;D_1 和 D_2 为两只特性相同的理想二极管;R_1 和 R_2 为固定电阻,且 $R_1 = R_2 = R$;R_L 为负载电阻或后接仪器仪表的输入电阻。

二极管双 T 电桥的工作原理如下:当电源 e 为正半周时,二极管 D_1 导通而 D_2 截止,其等效电路如图 4-18(a)所示。此时电容 C_1 很快充电至电压 U_E,电源 e 经 R_1 向负载 R_L 提供电流 I_{11};与此同时,电容 C_2 经 R_2 和 R_L 放电,放电电流为 $I_{21}(t)$。流经 R_L 的电流 $I_{L1}(t)$ 是 I_{11} 和 $I_{21}(t)$ 之和,它们的极性如图 4-18(a)所示。当电源 e 为负半周时,二极管 D_1 截止而 D_2 导通,其等效电路如图 4-18(b)所示。此时 C_2 很快充电至电压 U_E,而流经 R_L 的电流 $I_{L2}(t)$ 为由电源 e 提供的电流 I_{22} 和 C_1 的放电电流 $I_{12}(t)$ 之和。

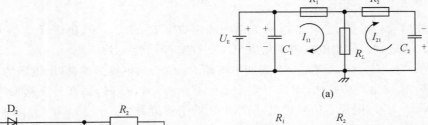

(a)

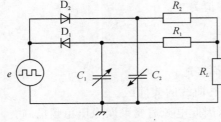

图 4-17　二极管双 T 电桥

图 4-18　二极管双 T 电桥的工作原理

利用电路分析,可以求得电源 e 的负半周流过负载 R_L 的电流为

$$I_{L2}(t) = \frac{U_E}{R + R_L}(1 - e^{-t/\tau_1}) \tag{4-40}$$

式中,$\tau_1 = \dfrac{R(2R_L + R)}{R + R_L}C_1$,为电容 C_1 的放电时间常数。

同理,在电源 e 的正半周期流过负载 R_L 的电流为

$$I_{L1}(t) = \frac{U_E}{R + R_L}(1 - e^{-t/\tau_2}) \tag{4-41}$$

式中,$\tau_2 = \dfrac{R(2R_L + R)}{R + R_L}C_2$,为电容 C_2 的放电时间常数。

$I_{L1}(t)$ 和 $I_{L2}(t)$ 流过负载 R_L 的方向相反,由此可得输出电流的平均值为

$$\bar{I}_L = \frac{1}{T}\int_0^T [I_{L2}(t) - I_{L1}(t)]\mathrm{d}t$$

$$= \frac{1}{T}\frac{U_E}{R + R_L}\int_0^T [(1 - e^{-t/\tau_1}) - (1 - e^{-t/\tau_2})]\mathrm{d}t$$

$$= U_E \frac{R+2R_L}{(R+R_L)^2} Rf(C_1 - C_2 - C_1 e^{-k_1} + C_2 e^{-k_2}) \tag{4-42}$$

式中，f 为电源 e 的频率；k_1，k_2 为系数，且 $k_1 = \dfrac{R+R_L}{RfC_1(R+2R_L)}$，$k_2 = \dfrac{R+R_L}{RfC_2(R+2R_L)}$。

输出电压的平均值为

$$\bar{U}_o = \bar{I}_L R_L$$

$$= \frac{RR_L(R+2R_L)}{(R+R_L)^2} U_E f(C_1 - C_2 - C_1 e^{-k_1} + C_2 e^{-k_2}) \tag{4-43}$$

适当选择电路中元件的参数以及电源频率 f，则式(4-43)中指数项所引起的误差可以小于 1%，于是有

$$\bar{U}_o \approx \frac{RR_L(R+2R_L)}{(R+R_L)^2} U_E f(C_1 - C_2) = kU_E f(C_1 - C_2) \tag{4-44}$$

式中，$k = \dfrac{RR_L(R+2R_L)}{(R+R_L)^2}$。

由式(4-44)可见，当双 T 电桥的结构确定（R_1，R_2，R_L 一定，则 k 为常数）和电源一定（f 及 U_E 一定）时，输出电压的平均值与（$C_1 - C_2$）呈线性关系。

如果 $C_1 = C_2 = C_0$，则在一个周期内流经 R_L 的平均电流为零，输出电压的平均值为零。当 C_1 和 C_2 发生差动变化，即 $C_1 = C_0 + \Delta C$，$C_2 = C_0 - \Delta C$ 时，则在一个周期内流经 R_L 的平均电流不为零，因而有信号输出，输出电压的平均值为

$$\bar{U}_o \approx 2kU_E f \Delta C \tag{4-45}$$

双 T 二极管电路具有以下特点：

(1)电源 e、传感器电容 C_1 和 C_2 以及输出电路都接地。

(2)工作电平很高，二极管 D_1 和 D_2 都工作在特性曲线的线性区。

(3)该电路的灵敏度与电源的幅值和频率有关，因此电源需要采取稳压稳频措施。

(4)输出电压高，当电源频率 $f = 1.3$ MHz，电源电压 $U_E = 46$ V 时，电容从 $-7 \sim +7$ pF 的变化，可以在 1 MΩ 负载电阻 R_L 上获得 $-5 \sim +5$ V 的直流电压输出。

(5)输出阻抗与 R_1 或 R_2 同数量级，且实际上与电容 C_1 和 C_2 无关，适当选择电阻值，则输出电流可用毫安表或微安表直接测量。

(6)负载电阻 R_L 将影响电容放电速度，从而决定输出信号的上升时间。进行动态测量时，R_L 应取值小一些，如 $R_L = 1$ kΩ 时，上升时间为 20 μs 左右，因此它可以用来测量高速的机械运动。

4.3.3 差动脉冲宽度调制电路

图 4-19 所示为差动脉冲宽度调制电路的原理图，它由比较器 A_1 和 A_2、双稳态触发器 T 以及由差动电容传感器 C_1 和 C_2、电阻 R_1 和 R_2、二极管 D_1 和 D_2 构成的充放电回路所组成。D_1 和 D_2 为特性相同的二极管，且工作在线性区，它们的作用是加快电容的放电过程。充电电阻 $R_1 = R_2 = R$，U_r 为比较器的参考电压，工作电源 $U_E > U_r$。双稳态触发器的两个输出端 A，B 间的电压 u_{AB} 经低通滤波后作为差动脉冲宽度调制电路的输出。

设电源接通时，双稳态触发器的 A 端为高电位，B 端为低电位，因此 A 点通过 R_1 对 C_1

充电,直至 M 点的电位等于参考电压 U_r 时,比较器 A_1 产生一脉冲,触发双稳态触发器翻转,则 A 点呈低电位,B 点呈高电位。此时 C_1 经二极管 D_1 迅速放电至接近零电位,而同时 B 点的高电位经 R_2 向 C_2 充电。当 N 点电位等于 U_r 时,比较器 A_2 产生一脉冲,使双稳态触发器又翻转一次,则 A 点呈高电位,B 点呈低电位。如此周而复始重复上述过程,在

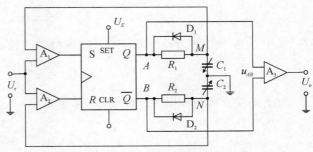

图 4-19　差动脉冲宽度调制电路的原理

双稳态触发器的两输出端 A,B 各自产生一宽度受 C_1,C_2 调制的方波脉冲。

下面讨论此方波脉冲宽度与 C_1,C_2 的关系。当 $C_1=C_2$ 时,由于 C_1 和 C_2 的充电时间常数相同,A,B 间的电压 u_{AB} 为等宽矩形方波,电路上各点电压波形如图 4-20(a)所示。当 $C_1 \neq C_2$ 时,如 $C_1 > C_2$,则 C_1 和 C_2 充电时间常数不同,A,B 间的电压 u_{AB} 为不等宽矩形方波,电路上各点电压波形如图 4-20(b)所示。输出直流电压 U_o 由 A,B 两点间电压 u_{AB} 经放大和低通滤波后获得,它等于 A,B 两点电压的平均值 U_{AP} 和 U_{BP} 之差。U_{AP} 和 U_{BP} 分别为

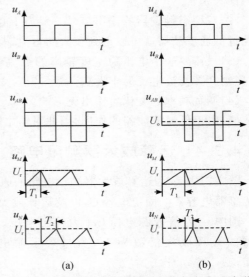

图 4-20　差动脉冲宽度调制电路各点电压波形

$$U_{AP} = \frac{T_1}{T_1 + T_2} U_1 \qquad (4\text{-}46)$$

$$U_{BP} = \frac{T_2}{T_1 + T_2} U_1 \qquad (4\text{-}47)$$

式中,U_1 为触发器输出的高电平;T_1,T_2 为电容 C_1 和 C_2 的充电时间。

$$T_1 = R_1 C_1 \ln \frac{U_1}{U_1 - U_r} \qquad (4\text{-}48)$$

$$T_2 = R_2 C_2 \ln \frac{U_1}{U_1 - U_r} \qquad (4\text{-}49)$$

输出直流电压 U_o 为

$$U_o = U_{AP} - U_{BP} = U_1 \frac{T_1 - T_2}{T_1 + T_2} \qquad (4\text{-}50)$$

将式(4-48)和式(4-49)代入式(4-50),并考虑到充电电阻 $R_1 = R_2 = R$,则得

$$U_o = \frac{C_1 - C_2}{C_1 + C_2} U_1 \qquad (4\text{-}51)$$

由式(4-51)可见,输出直流电压 U_o 正比于电容 C_1 和 C_2 的差值。

对于差动变极距型电容式传感器,式(4-51)可写成

$$U_o = \frac{d_2 - d_1}{d_2 + d_1} U_1 \tag{4-52}$$

式中，d_1，d_2 分别为差动电容 C_1，C_2 的极距。设 $d_1 = d_0 - \Delta d$，$d_2 = d_0 + \Delta d$，则有

$$U_o = \frac{\Delta d}{d_0} U_1 \tag{4-53}$$

对于差动变面积型电容式传感器，同样有

$$U_o = \frac{S_2 - S_1}{S_2 + S_1} U_1 = \frac{\Delta S}{S_0} U_1 \tag{4-54}$$

式中，S_1，S_2 分别为差动电容 C_1，C_2 的极板面积，并设 $S_1 = S_0 - \Delta S$，$S_2 = S_0 + \Delta S$。

根据以上分析，差动脉冲调宽电路有如下特点：

（1）不论是变极距型电容式传感器还是变面积型电容式传感器，其输出都与输入变化量呈线性关系。

（2）双稳态触发器的输出信号一般为 100 kHz～1 MHz 的矩形波，不需要特殊电路，只要经过低通滤波器就可以得到较大的直流输出。

（3）只需要一个电压稳定度较高的直流电源，这比其他测量线路中要求高稳定度的稳频、稳幅高频交流电源易于做到。

（4）调宽频率的变化对输出无影响。

（5）由于低通滤波器的作用，因此对输出矩形波纯度要求不高。

4.3.4　运算放大器测量电路

图 4-21 所示为运算放大器测量电路的原理图，它由传感器电容 C_x、固定电容 C_0 以及运算放大器 A 组成。图中 u_s 为信号源电压，u_o 为输出电压。运算放大器的开环放大倍数为 K，负号表示输出与输入反相。

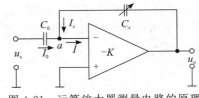

图 4-21　运算放大器测量电路的原理

设运算放大器的输入阻抗很高，增益很大，根据运算放大器的"虚地"原理，则可认为 a 点电压 $U_a \approx 0$，运算放大器输入电流 $I = 0$，因此有

$$\dot{U}_s = -j \frac{1}{\omega C_0} \dot{I}_0 \tag{4-55}$$

$$\dot{U}_o = -j \frac{1}{\omega C_x} \dot{I}_x \tag{4-56}$$

$$\dot{I}_0 + \dot{I}_x = 0 \tag{4-57}$$

由上面 3 式可得

$$\dot{U}_o = -\dot{U}_s \frac{C_0}{C_x} \tag{4-58}$$

对于平板电容传感器，电容量 $C_x = \frac{\varepsilon_0 S}{d}$，代入式（4-58）得

$$\dot{U}_o = -\dot{U}_s \frac{C_0}{\varepsilon_0 S} d \tag{4-59}$$

由式（4-59）可知，输出电压与极距呈线性关系，这就从原理上解决了变极距型电容式传

感器输出特性的非线性问题。而式(4-59)是在假设运算放大器增益 $K \to \infty$ 和输入阻抗 $Z_i \to \infty$ 的条件下得出的结果。实际上运算测量电路的输出，仍具有一定非线性误差，但是在增益和输入阻抗足够大时，这种误差是相当小的。此外，式(4-59)也表明，输出信号电压 U_o 还与信号源电压 U_s、固定电容 C_0 及电容式传感器其他参数 ε, S 等有关，这些参数的波动都将使输出产生误差。因此该电路要求固定电容 C_0 必须恒定，信号源电压必须采取稳压措施。

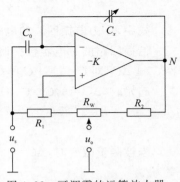

图 4-22　可调零的运算放大器测量电路

由于图 4-21 所示电路输出电压的初始值不为零，为了实现零点迁移，可采用图 4-22 所示电路。图中 C_x 为传感器电容，C_0 为固定电容，R_1 和 R_2 为平衡电阻，R_W 为调零电位器。输出电压 u_o 从电位器 R_W 动点与地之间引出。

由图 4-22 所示电路可以导出

$$\dot{U}_N = -\frac{C_0}{C_x}\dot{U}_s \tag{4-60}$$

$$\dot{U}_N = \dot{U}_s + \dot{U}_R \tag{4-61}$$

$$\dot{U}_R = \dot{U}_{R1} + \dot{U}_{RW} + \dot{U}_{R2} \tag{4-62}$$

$$\dot{U}_o = \dot{U}_s + \frac{1}{2}\dot{U}_R \tag{4-63}$$

由上面 4 式可得

$$U_o = -\frac{1}{2}\left(\frac{C_0}{C_x} - 1\right)\dot{U}_s \tag{4-64}$$

选取 C_0 等于传感器初始电容值 C_{x0}，则电路输出电压的初始值为零。

对于平板电容传感器，电容量 $C_x = \dfrac{\varepsilon_0 S}{d}$，代入式(4-64)，得

$$U_o = -\frac{1}{2}\left(\frac{C_0 d}{\varepsilon_0 S} - 1\right)\dot{U}_s \tag{4-65}$$

上述运算放大器测量电路中，固定电容 C_0 在测量过程中，还起到了参比测量的作用。因而当 C_0 和 C_x 结构参数及材料完全相同时，其环境温度对测量的影响可以得到补偿。

对于变面积型电容式传感器，可将传感器电容 C_x 和固定电容 C_0 在电路中的位置对调，此时输出电压与极板面积呈线性关系。

4.3.5　调频测量电路

调频测量电路的原理框图如图 4-23 所示。电容式传感器与电感元件相配合构成调频振荡器的谐振回路。振荡器的振荡频率公式为

图 4-23　调频测量电路的原理

$$f = \frac{1}{2\pi\sqrt{LC}} \qquad\qquad (4\text{-}66)$$

式中,L 为谐振回路的电感;C 为谐振回路的总电容。

谐振回路的总电容包括谐振回路的固有电容 C_1、连接电缆的分布电容 C_c 和传感器电容 $C_0 \pm \Delta C$,即 $C = C_1 + C_c + C_0 \pm \Delta C$。

起始时,$\Delta C = 0$,$C = C_1 + C_c + C_0$ 为一常数,振荡器的振荡频率为固定频率,即

$$f_0 = \frac{1}{2\pi\sqrt{L(C_1 + C_c + C_0)}} \qquad\qquad (4\text{-}67)$$

当被测量改变时,$\Delta C \neq 0$,振荡器的振荡频率也就有一个相应的变化量 Δf,此时振荡频率为

$$f = \frac{1}{2\pi\sqrt{L(C_1 + C_c + C_0 \pm \Delta C)}} = f_0 \mp \Delta f \qquad\qquad (4\text{-}68)$$

由此可知,调频振荡器的输出信号是一个受被测量调制的调频波,其频率由式(4-68)决定。该调频波可以直接送入计数器测定其频率值,也可以通过限幅、鉴频、放大电路后输出一个幅值随被测量变化的电压信号,再送入显示仪表指示。

调频测量电路的特点是:

(1)灵敏度高,可测量 $0.01\ \mu m$ 甚至更小的位移变化量。

(2)可以输出频率信号,易于和数字式仪表及计算机连接。

(3)输出有较大的非线性,且受温度和连接电缆电容的影响较大,这给传感器和测量电路的设计带来一定的麻烦。

4.4　电容式传感器的应用

电容式传感器与电阻式、电感式等传感器相比,具有以下优点:

(1)测量范围大。金属应变丝由于应变极限的限制,$\Delta R/R$ 一般低于 1%,半导体应变片可达 20%,而电容式传感器相对变化量可大于 100%。

(2)灵敏度高。如用变压器电桥作为测量电路,可测出电容相对变化量达 10^{-7}。

(3)动态响应好。由于电容式传感器带电极板间的静电吸引力很小(10^{-5} N),需要的作用能量极小;又由于它的可动部分可以做得很小很薄,具有很小的可动质量,因此其固有频率很高,动态响应时间很短,可以在较高的频率下工作,特别适用于动态测量。

(4)可实现非接触式测量,且具有平均效应。例如,可利用电容式传感器非接触测量回转轴的振动和工件间的间隙等。当采用非接触式测量时,电容式传感器具有平均效应,可以减小由于传感器极板加工过程中局部误差较大而对整体测量准确度的影响。

(5)结构简单,适应性强。电容式传感器一般用金属作为电极,以无机材料(如玻璃、石英、陶瓷等)作为绝缘支承,因此电容传感器能承受很大的温度变化和各种形式的强辐射作用,适合于在恶劣环境中工作。

然而,电容式传感器也有以下缺点:

(1)输出阻抗高,负载能力差。无论何种类型的电容式传感器,由于受电极板几何尺寸

的限制,其电容量都很小,一般为几十到几百皮法,因此使电容式传感器的输出阻抗很高,可达 $10^6 \sim 10^8~\Omega$。由于输出阻抗很高,因而输出功率小,负载能力差,易受外界干扰影响而产生不稳定现象,严重时甚至无法工作。

(2)寄生电容影响大。电容式传感器的初始电容量很小,而连接传感器和电子线路的引线电缆电容、电子线路的杂散电容以及电容极板与周围导体构成的电容等寄生电容却较大。寄生电容的存在不但降低了测量灵敏度,而且引起非线性输出。由于寄生电容是随机变化的,因而使传感器处于不稳定的工作状态,影响测量准确度。

近年来,由于材料、工艺,特别是在电子技术及集成电路技术等方面的发展,成功地解决了电容式传感器存在的技术问题,为电容式传感器的应用开辟了广阔的前景。它不但广泛地用于精确测量位移、厚度、角度、振动等机械量,还用于测量力、压力、差压、流量、成分、液位等参数。

下面介绍电容式传感器的几个典型应用实例。

4.4.1　电容式差压传感器

图 4-24 所示是一种典型的电容式差压传感器的原理结构图。测量膜片 3 与两个固定凹球面电极 4,5 构成差动式球-平面型电容器。固定凹球面电极是在绝缘体 6 的凹球表面上蒸镀一层金属膜(如金、铝)而成。绝缘体一般采用玻璃或陶瓷。测量膜片为圆形平膜片,并在圆周上加有预张力。隔离膜片 1,2 分别与测量膜片 3 构成左右两室,两室中充满灌充液——硅油。硅油是一种具有不可压缩性和流动性很好的传压介质。隔离膜片 1,2 分别与外壳 7 构成左右两个容室,称为高压容室 8 和低压容室 9。高、低压被测介质分别通过入口引进高压容室和低压容室,隔离膜片与被测介质直接接触。当隔离膜片 1,2 分别承受高压侧压力 p_H 和低压侧压力 p_L 的作用时,硅油便将压力传递到测量膜片的两面。

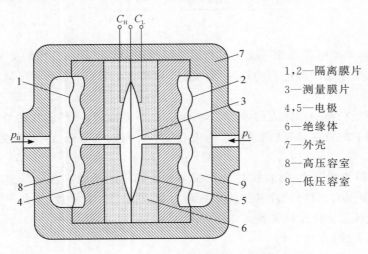

1,2—隔离膜片
3—测量膜片
4,5—电极
6—绝缘体
7—外壳
8—高压容室
9—低压容室

图 4-24　电容式差压传感器的原理结构

测量膜片与两个固定凹球面电极构成的差动式球-平面型电容器如图 4-25 所示,其中测量膜片与低压侧凹球面电极的电容为 C_L,与高压侧凹球面电极的电容为 C_H。

当 $p_H = p_L$,即差压 $\Delta p = p_H - p_L = 0$ 时,测量膜片仍保持平整,测量膜片与两个固定凹球面电极的距离相等，均为 d_0，构成的两个电容 C_H 和 C_L 的电容量也完全相等，皆为初始电容 C_0，即 $C_H = C_L = C_0$。

当 $p_H > p_L$，即差压 $\Delta p = p_H - p_L > 0$ 时，在差压 Δp 作用下测量膜片产生挠曲变形向低压侧定极板靠近。设测量膜片变形到图 4-25 所示的虚线位置，膜片中心产生位移 δ，则有 $d_1 = d_0 + \delta$，$d_2 = d_0 - \delta$。测量膜片的变形引起两侧电容变化，这时 C_L 增大，C_H 减小，即 $C_L > C_H$。

若不考虑边缘电场的影响，测量膜片与固定凹球面电极构成的两个电容器 C_L，C_H 可近似地看作平板电容器，其电容量分别为

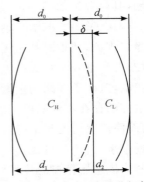

图 4-25　差动式球-平面型电容器

$$C_L = \frac{\varepsilon_1 A_1}{d_1} = \frac{\varepsilon A}{d_0 - \delta} \tag{4-69}$$

$$C_H = \frac{\varepsilon_2 A_2}{d_2} = \frac{\varepsilon A}{d_0 + \delta} \tag{4-70}$$

式中，ε_1，ε_2 分别为两个电容器介质的介电常数，一般 $\varepsilon_1 = \varepsilon_2 = \varepsilon$；$A_1$，$A_2$ 分别为两个电容器的凹球面电极的面积，一般 $A_1 = A_2 = A$。两个电容量之差为

$$\Delta C = C_L - C_H = \varepsilon A \left(\frac{1}{d_0 - \delta} - \frac{1}{d_0 + \delta} \right) = -\frac{2\varepsilon A \delta}{d_0^2 - \delta^2} \tag{4-71}$$

式(4-71)表明，两个电容量之差 ΔC 与测量膜片的中心位移 δ 呈非线性关系。

两个电容量之差与两个电容量之和的比值称为差动电容的相对变化值，有

$$\frac{C_L - C_H}{C_L + C_H} = \frac{\varepsilon A \left(\dfrac{1}{d_0 - \delta} - \dfrac{1}{d_0 + \delta} \right)}{\varepsilon A \left(\dfrac{1}{d_0 - \delta} + \dfrac{1}{d_0 + \delta} \right)} = \frac{\delta}{d_0} \tag{4-72}$$

式(4-72)表明，差动电容的相对变化值与测量膜片的中心位移 δ 呈线性关系。因此，电容式差压传感器往往采用差动电容的相对变化值作为输出信号，而不用电容量之差作为输出信号。

由于测量膜片是在施加预张力的条件下焊接的，其厚度很薄，致使膜片的特性趋近于柔性膜片在压力作用下的特性，因此测量膜片的中心位移 δ 与输入差压 Δp 的关系为

$$\delta = K_1 \Delta p \tag{4-73}$$

式中，K_1 为由膜片预张力、材料特性和结构参数所确定的系数。在电容式差压传感器制造好以后，膜片预张力、材料特性和结构参数均为定值，故 K_1 为常数，因此测量膜片的中心位移 δ 与输入差压 Δp 呈线性关系。

将式(4-73)代入式(4-72)，得

$$\frac{C_L - C_H}{C_L + C_H} = \frac{K_1}{d_0} \Delta p = K \Delta p \tag{4-74}$$

式中，K 为比例系数，$K = \dfrac{K_1}{d_0}$ 为常数。

由式(4-74)可见，差动电容的相对变化值与被测差压呈线性关系，且与灌充液的介电常

数无关。电容的相对变化值与介质的介电常数无关,就从原理上消除了介质的介电常数变化给测量带来的误差。

电容式差压传感器与相应的测量电路一起构成电容式差压变送器,通过测量电路将差动电容的相对变化值成比例地转换成标准信号。电容式差压变送器是 20 世纪 70 年代的新产品,它具有构造简单、小型轻量、准确度高(可达 0.25%)、互换性强等优点,目前已广泛应用于工业生产中。

4.4.2　电容式液位计

电容式液位计由电容式液位传感器和测量电路组成,它可以连续测量水池、水塔、水井和江河湖海的水位以及各种容器的液位,被测介质可以是各种液体,如水、酒、醋、酱油、汽油等。

图 4-26 所示就是电容式液位传感器的原理图。在被测介质中放入两个同心圆柱状极板 1 和 2,当容器中介质是非导电的液体时,电容式液位传感器实质上是一个介质截面积变化型电容式传感器;当容器内液面变化时,相当于两极板间的介质截面积发生变化,从而使电容量 C 发生变化。

设容器内介质的介电常数为 ε_1,容器介质上面的气体的介电常数为 ε_2,容器中液体介质浸没电极的高度为 x,这时总的电容 C 等于气体介质间的电容量与液体介质间电容量之和。

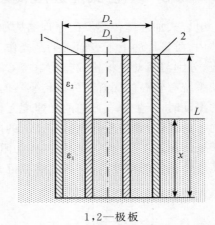

1,2—极板

图 4-26　电容式液位传感器的原理结构

液体介质间的电容量 C_1 和气体介质间的电容量 C_2 分别为

$$C_1=\frac{2\pi\varepsilon_1 x}{\ln\dfrac{D_2}{D_1}} \tag{4-75}$$

$$C_2=\frac{2\pi\varepsilon_2 (L-x)}{\ln\dfrac{D_2}{D_1}} \tag{4-76}$$

式中,L 为电极总长度;D_1 为内圆筒电极外直径;D_2 为外圆筒电极内直径。

总电容量为两电容并联,由式(4-75)和式(4-76)得

$$C_x=C_1+C_2=\frac{2\pi\varepsilon_1 x}{\ln\dfrac{D_2}{D_1}}+\frac{2\pi\varepsilon_2 (L-x)}{\ln\dfrac{D_2}{D_1}}=\frac{2\pi\varepsilon_2 L}{\ln\dfrac{D_2}{D_1}}+\frac{2\pi(\varepsilon_1-\varepsilon_2) x}{\ln\dfrac{D_2}{D_1}} \tag{4-77}$$

令 $A=\dfrac{2\pi\varepsilon_2 L}{\ln\dfrac{D_2}{D_1}}$,$B=\dfrac{2\pi(\varepsilon_1-\varepsilon_2)}{\ln\dfrac{D_2}{D_1}}$,则式(4-77)可写成

$$C_x=A+B_x \tag{4-78}$$

由式(4-78)可见,电容量 C_x 与被测液位 x 成比例关系。

如果液体是导电的,则需要采用外加绝缘层的电极,如图 4-27 所示。导电液体作为一

个电极,与电极构成电容器,绝缘层即为电容器的介质。这种电容式液位传感器实质上是一个变面积型电容式传感器。当传感器浸入水或其他被测导电液体时,电极以绝缘层为介质与周围的水(或其他导电液体)形成圆柱形电容器。可求得其电容量为

$$C_x = \frac{2\pi\varepsilon x}{\ln\dfrac{D_2}{D_1}} \tag{4-79}$$

式中,ε 为绝缘层的介电常数;x 为待测液位高度;D_1 为电极直径;D_2 为绝缘层外径。由式(4-79)可见,电容量 C_x 与被测液位 x 成比例关系。

4.4.3　电容式加速度传感器

电容式加速度传感器的原理结构如图 4-28 所示。敏感质量块由两根弹簧片支承置于壳体内,质量块的上下表面磨平抛光作为差动电容的活动极板。壳体的上、下部各有一固定极板,分别与活动极板构成差动电容 C_1、C_2。固定极板靠绝缘体与壳体绝缘。弹簧片较硬致使系统有较高的固有频率。传感器的壳体固定在被测振动体上。当被测振动体做垂直方向的振动时,产生垂直方向的加速度。传感器的壳体随被测振动体相对于质量块产生垂直方向上的运动,致使差动电容 C_1、C_2 的电容量发生变化,一个增大,一个减小,它们的差值正比于被测加速度。由于采用空气作为阻尼,空气黏度的温度系数比液体的小得多,因此这种加速度传感器的精度较高,频率响应范围宽,量程大,可以测量很高的加速度。

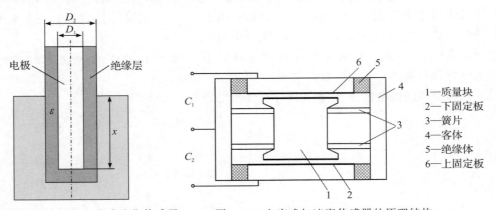

1—质量块
2—下固定板
3—簧片
4—客体
5—绝缘体
6—上固定板

图 4-27　具有绝缘层的电容式液位传感器　　图 4-28　电容式加速度传感器的原理结构

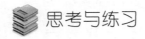思考与练习

1. 电容式传感器有哪几种类型?
2. 简述差动脉冲调宽电路的原理。

第 5 章　压电式传感器
——超声波测距仪的设计与制作

压电式传感器是一种能量转换型传感器,是以具有压电效应的压电器件为核心组成的传感器。它既可以将机械能转换为电能,又可以将电能转化为机械能。

5.1　压电效应及材料

5.1.1　压电效应

压电效应(piezoelectric effect)是指某些介质在施加外力造成本体变形而产生带电状态或施加电场而产生变形的双向物理现象,是正压电效应和逆压电效应的总称,一般习惯上压电效应指正压电效应。当某些电介质沿一定方向受外力作用而变形时,在其一定的两个表面上产生异号电荷,当外力去除后,又恢复到不带电的状态,这种现象称为正压电效应(positive piezo electric effect)。其电荷的大小与外力大小成正比,极性取决于变形是压缩还是伸长,比例系数为压电常数,与形变方向有关,在材料的确定方向上为常量。它属于将机械能转化为电能的一种效应。压电式传感器大多是利用正压电效应制成的。当在电介质的极化方向施加电场时,某些电介质在一定方向上将产生机械变形或机械应力,当外电场撤去后,变形或应力也随之消失,这种物理现象称为逆压电效应(reverse piezo electric effect),又称电致伸缩效应。其应变的大小与电场强度的大小成正比,方向随电场方向变化而变化。它属于将电能转化为机械能的一种效应。用逆压电效应制造的变送器可用于电声和超声工程。1880—1881 年,雅克(Jacques)和皮埃尔·居里(Piere Curie)发现了这两种效应。图 5-1所示为压电效应示意图。

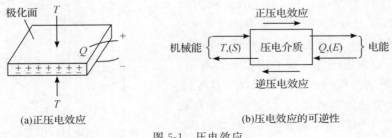

(a)正压电效应　　　　　　　　　　(b)压电效应的可逆性

图 5-1　压电效应

由物理学知,一些离子型晶体的电介质(如石英、酒石酸钾钠、钛酸钡等)不仅在电场力作用下,而且在机械力作用下,都会产生极化现象。为了对压电材料的压电效应进行描述,表明材料的电学量(D,E)与力学量(T,S)行为之间的量的关系,建立了压电方程。正压电效应中,外力与因极化作用而在材料表面存储的电荷量成正比,即

$$D=dT \text{ 或 } \sigma=dT \tag{5-1}$$

式中,D,σ为电位移矢量、电荷密度,单位面积的电荷量,C/m^2;T为应力,单位面积作用的应力,N/m^2;d为正压电系数,C/N。

逆压电效应中,外电场作用下的材料应变与电场强度成正比,即

$$S=d'E \tag{5-2}$$

式中,S为应变,应变单位ε,微应变单位$\mu\varepsilon$;E为外加电场强度,V/m;d'为逆压电系数,C/N。

当对于多维压电效应时,d'为d的转置矩阵。

压电材料是绝缘材料,把其置于两金属极板之间,就构成一种带介质的平行板电容器,金属极板收集正压电效应产生的电荷。由物理学知,平行板电容器中

$$D=\varepsilon_r\varepsilon_0 E \tag{5-3}$$

式中,ε_r为压电材料的相对介电常数;ε_0为真空介电常数,$\varepsilon_0=8.85 \text{ pF/m}$。

那么可以计算出平行板电容器模型中正压电效应产生的电压

$$V=Eh=\frac{d}{\varepsilon_r\varepsilon_0}Th \tag{5-4}$$

式中,h为平行板电容器极板间距。

人们常用$g=d/(\varepsilon_r\varepsilon_0)$表示压电电压系数。例如,压电材料钛酸铅$d=44 \text{ pC/N}$,$\varepsilon_r=600$。取$T=1\,000 \text{ N}$,$h=1 \text{ cm}$,则$V=828 \text{ V}$。当在该平行板电容器模型加$1 \text{ kV}$电压时,$S=4.4 \text{ }\mu\varepsilon$。

具有压电性的电介质(称压电材料),能实现机-电能量的相互转换。压电材料是各向异性的,即不同方向的压电系数不同,常用矩阵向量d表示,6×3维,进而有电位移矩阵向量D,1×3维,应力矩阵向量T,1×6维,应变矩阵向量S,1×6维,电场强度矩阵向量E,1×3维。用向量形式在空间上对压电材料和压电效应进行统一描述。实际上对具体压电材料压电系数中的元素多数为零或对称,人们可以在压电效应最大的主方向上,"一维"地进行压电传感器设计。

在三维直角坐标系内的力-电作用状况如图5-2所示。图中T_1,T_2,T_3分别为沿x,y,z向的正应力分量(压应力为负);T_4,T_5,T_6分别为绕x,y,z轴的切应力分量(顺时针方向为负);σ_1,σ_2,σ_3分别为在x,y,z面上的电荷密度(或电位移D)。式(5-5)为正压电方程的向量矩阵表示,式(5-6)为逆压电方程的向量矩阵表示。压电方程是全压电效应的数学描述,它反映了压电介质的力学行为与电学行为之间相互作用(即机-电转换)的规律。

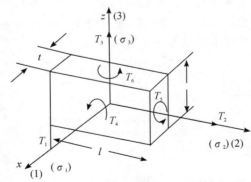

图5-2 压电材料中方向坐标含义

$$
\begin{bmatrix} D_1 \\ D_2 \\ D_3 \end{bmatrix} = \begin{bmatrix} d_{11} & d_{12} & d_{13} & d_{14} & d_{15} & d_{16} \\ d_{21} & d_{22} & d_{23} & d_{24} & d_{25} & d_{26} \\ d_{31} & d_{32} & d_{33} & d_{34} & d_{35} & d_{36} \end{bmatrix} \begin{bmatrix} T_1 \\ T_2 \\ T_3 \\ T_4 \\ T_5 \\ T_6 \end{bmatrix} \tag{5-5}
$$

$$
\begin{bmatrix} S_1 \\ S_2 \\ S_3 \\ S_4 \\ S_5 \\ S_6 \end{bmatrix} = \begin{bmatrix} d_{11} & d_{21} & d_{31} \\ d_{12} & d_{22} & d_{32} \\ d_{13} & d_{23} & d_{33} \\ d_{14} & d_{24} & d_{34} \\ d_{15} & d_{25} & d_{35} \\ d_{16} & d_{26} & d_{36} \end{bmatrix} \begin{bmatrix} E_1 \\ E_2 \\ E_3 \end{bmatrix} \tag{5-6}
$$

压电方程组也表明存在极化方向（电位差方向）与外力方向不平行的情况。正压电效应中，如果所生成的电位差方向与压力或拉力方向一致，即为纵向压电效应（longitudinal piezoelectric effect）。正压电效应中，如果所生成的电位差方向与压力或拉力方向垂直时，即为横向压电效应（transverse piezoelectric effect）。在正压电效应中，如果在一定的方向上施加的是切应力，而在某方向上会生成电位差，则称为切向压电效应（tangential piezoelectric effect）。逆压电效应也有类似情况。

5.1.2　压电材料

迄今已出现的压电材料可分为三大类：一是压电晶体（单晶），它包括压电石英晶体和其他压电单晶；二是压电陶瓷；三是新型压电材料，其中有压电半导体和有机高分子压电材料两种。

在传感器技术中，目前国内外普遍应用的是压电单晶中的石英晶体和压电多晶中的钛酸钡与钛酸铅系列压电陶瓷，择要介绍如下。

1. 压电晶体

由晶体学可知，无对称中心的晶体，通常具有压电性。具有压电性的单晶体统称为压电晶体。石英晶体（见图 5-3）是最典型而常用的压电晶体。

（1）石英晶体（SiO_2）。石英晶体俗称水晶，有天然和人工之分。目前传感器中使用的均是以居里点为 573 ℃，晶体的结构为六角晶系的 α-石英。其外形如图 5-3 所示，呈六角棱柱体。密斯诺（Mcissner）所提出的石英晶体模型，如图 5-4 所示，硅离子和氧离子配置在六棱柱的晶格上，图中较大的圆表示硅离子，较小的圆相当于氧离子。硅离子按螺旋线的方向排列，螺旋线的旋转方向取决于所采用的是光学右旋石英，还是左旋石英。图 5-4 所示为左旋石英晶体（它与右旋石英晶体的结构成镜像对称，压电效应极性相反）。硅离子 2 比硅离子 1 的位置较深，而硅离子 3 又比硅离子 2 的位置较深。在讨论晶体机电特性时，采用 xyz 右手直角坐标较方便，并统一规定：x 轴称为电轴，它穿过六棱柱的棱线，在垂直于此轴的面上压电效应最强；y 轴垂直 m 面，称为机轴，在电场的作用下，沿该轴方向的机械变形最明显；z 轴称为光轴，也叫中性轴，光线沿该轴通过石英晶体时，无折射，

沿 z 轴方向上没有压电效应。

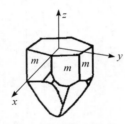
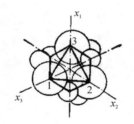

图 5-3   石英晶体坐标系   图 5-4   密斯诺石英晶体模型

压电石英的主要性能特点是：①压电常数小，其时间和温度稳定性极好，常温下几乎不变，在 20～200 ℃ 范围内其温度变化率仅为 $-0.016\%/℃$；②机械强度和品质因数高，许用应力高达 $(6.8～9.8)\times10^7$ Pa，且刚度大，固有频率高，动态特性好；③居里点 573 ℃，无热释电性，且绝缘性、重复性均好。天然石英的上述性能尤佳，因此，它们常用于精度和稳定性要求高的场合和制作标准传感器。

为了直观地了解其压电效应，将一个单元中组成石英晶体的硅离子和氧离子，在垂直于 Z 轴的 XY 平面上投影，等效为图 5-5(a) 中的正六边形排列，图中"（+）"代表 Si^{4+}，"（-）"代表 O^{2-}。

当石英晶体未受外力时，正、负离子（即 Si^{4+} 和 O^{2-}）正好分布在正六边形的顶角上，形成 3 个大小相等、互成 120°夹角的电偶极矩 P_1，P_2 和 P_3，如图 5-5(a) 所示。$P=ql$，q 为电荷量，l 为正、负电荷之间的距离。电偶极矩方向为负电荷指向正电荷。此时，正、负电荷中心重合，电偶极矩的矢量和等于零，即 $P_1+P_2+P_3=0$。这时晶体表面不产生电荷，整体上说它呈电中性。

当石英晶体受到沿 X 方向的压力 F_X 作用时，将产生压缩变形，正、负离子的相对位置随之变动，正、负电荷中心不再重合，如图 5-5(b) 所示。电偶极矩在 X 轴方向的分量为 $(P_1+P_2+P_3)_X>0$，在 X 轴的正方向的晶体表面上出现正电荷；而在 Y 轴和 Z 轴方向的分量均为零，即 $(P_1+P_2+P_3)_Y=0$，$(P_1+P_2+P_3)_Z=0$，在垂直于 Y 轴和 Z 轴的晶体表面上不出现电荷。这种沿 X 轴施加压力 F_X，而在垂直于 X 轴晶面上产生电荷的现象，称为"纵向压电效应"。

当石英晶体受到沿 Y 轴方向的压力 F_Y 作用时，晶体如图 5-5(c) 所示变形。电偶极矩在 X 轴方向上的分量 $(P_1+P_2+P_3)_X<0$，在 X 轴的正方向的晶体表面上出现负电荷。同样，在垂直于 Y 轴和 Z 轴的晶面上不出现电荷。这种沿 Y 轴施加压力 F_Y，而在垂直于 X 轴晶面上产生电荷的现象，称为"横向压电效应"。

当晶体受到沿 Z 轴方向的力（无论是压力或拉力）作用时，因为晶体在 X 轴方向和 Y 轴方向的变形相同，正、负电荷中心始终保持重合，电偶极矩在 X，Y 方向的分量等于零，所以沿光轴方向施加力，石英晶体不会产生压电效应。

需要指出的是，上述讨论均假设晶体沿 X 轴和 Y 轴方向受到了压力，当晶体沿 X 轴和 Y 轴方向受到拉力作用时，同样有压电效应，只是电荷的极性将随之改变。

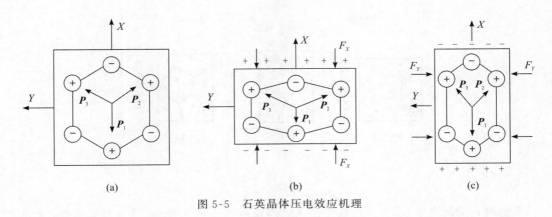

图 5-5   石英晶体压电效应机理

石英晶体的独立压电系数只有 d_{11} 和 d_{14},其压电常数矩阵为

$$\boldsymbol{d}_{ij} = \begin{bmatrix} d_{11} & -d_{11} & 0 & d_{14} & 0 & 0 \\ 0 & 0 & 0 & 0 & -d_{14} & -2d_{11} \\ 0 & 0 & 0 & 0 & 0 & 0 \end{bmatrix} \tag{5-7}$$

式中,$d_{11} = 2.31 \times 10^{-12}$ C/N;$d_{14} = 0.73 \times 10^{-12}$ C/N。其中,$d_{12} = -d_{11}$ 为横向压电系数,$d_{25} = -d_{14}$ 为面剪切压电系数,$d_{26} = -2d_{14}$ 为厚度剪切压电系数。

（2）其他压电单晶。在压电单晶中除天然和人工石英晶体外,钾盐类压电和铁电单晶如铌酸锂（LiNbO₃）、钽酸锂（LiTaO₃）、锗酸锂（LiGeO₃）、镓酸锂（LiGaO₃）、锗酸铋（Bi₁₂GeO₂₀）等材料,近年来已在传感器技术中日益得到广泛应用,其中以铌酸锂为典型代表。

铌酸锂是一种无色或浅黄色透明铁电晶体,从结构上看,它是一种多畴单晶,但必须通过极化处理后才能成为单畴单晶,从而呈现出类似单晶体的特点,即机械性能各向异性。它的时间稳定性好,居里点高达 1 200 ℃,在高温、强辐射条件下,仍具有良好的压电性,且机械性能,如机电耦合系数、介电常数、频率常数等均保持不变。此外,它还具有良好的光电、声光效应,因此在光电、微声、激光等器件方面都有重要应用。它的不足之处是,质地脆、抗机械和热冲击性差。

2. 压电陶瓷

1942 年,第一个压电陶瓷材料——钛酸钡先后在美国、苏联和日本制成。1947 年,钛酸钡拾音器——第一个压电陶瓷器件诞生了。20 世纪 50 年代初,又一种性能大大优于钛酸钡的压电陶瓷材料——锆钛酸铅研制成功。从此,压电陶瓷的发展进入了新的阶段。60 年代至 70 年代,压电陶瓷不断改进,日趋完美,如用多种元素改进的锆钛酸铅二元系压电陶瓷,以锆钛酸铅为基础的三元系、四元系压电陶瓷也都应运而生。这些材料性能优异,制造简单,成本低廉,应用广泛。

压电陶瓷是一种经极化处理后的人工多晶压电材料。所谓"多晶",指它由无数细微的单晶组成;每个单晶形成单个电畴,无数单晶电畴的无规则排列,致使原始的压电陶瓷呈现各向同性而不具有压电性[见图 5-6（a）]。要使之具有压电性,必须进行极化处理,即在一定温度下对其施加强直流电场,迫使"电畴"趋向外电场方向规则排列[见图 5-6（b）];极化电场去除后,趋向电畴基本保持不变,形成很强的剩余极化,从而呈现出压电性[见图 5-6（c）]。

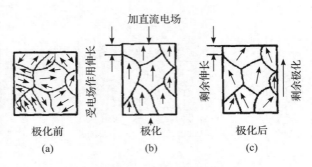

图 5-6　压电陶瓷的极化

压电陶瓷的压电常数大,灵敏度高。压电陶瓷除有压电性外,还具有热释电性,这会给压电传感器造成热干扰,降低稳定性。所以,对要求高稳定性的传感器场合,压电陶瓷的应用受到限制。

传感器技术中应用的压电陶瓷,按其组成元素可分为:

(1)二元系压电陶瓷以钛酸钡,尤其以锆钛酸铅系列压电陶瓷应用最广。

(2)三元系压电陶瓷目前应用的有 PMN,它由铌镁酸铅[$Pb(Mg_{1/3}Nb_{2/3})O_3$]、钛酸铅($PbTiO_3$)和锆钛酸铅($PbZrO_3$)3 种成分配比而成。另外还有专门制造耐高温、高压和电击穿性能的铌锰酸铅系列、镁碲酸铅、锑铌酸铅等。

压电陶瓷坐标系如图 5-7 所示。压电陶瓷的压电常数矩阵为

$$d_{ij} = \begin{bmatrix} 0 & 0 & 0 & 0 & d_{15} & 0 \\ 0 & 0 & 0 & -d_{15} & 0 & 0 \\ d_{31} & d_{32} & d_{33} & 0 & 0 & 0 \end{bmatrix} \qquad (5-8)$$

压电陶瓷的压电效应比石英晶体的强数十倍。对石英晶体,长宽切变压电效应最差,故很少取用;对压电陶瓷,厚度切变压电效应最好,应尽量取用;对三维空间力场的测量,压电陶瓷的体积压缩压电效应显示了独特的优越性。但是,石英晶体温度与时间的稳定性以及材料之间的一致性远优于压电陶瓷。

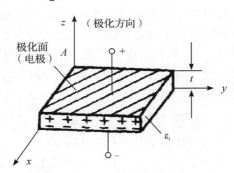

图 5-7　压电陶瓷坐标系

压电材料的主要特性参数有:

(1)压电常数是衡量材料压电效应强弱的参数,它直接关系到压电输出灵敏度。

(2)弹性常数压电材料的弹性常数(刚度)决定着压电器件的固有频率和动态特性。

(3)介电常数对于一定形状、尺寸的压电元件,其固有电容与介电常数有关,而固有电容又影响着压电传感器的频率下限。

(4)机电耦合系数定义为在压电效应中,转换输出的能量(如电能)与输入的能量(如机械能)之比的平方根。它是衡量压电材料机电能量转换效率的一个重要参数。

(5)电阻压电材料的绝缘电阻将减少电荷泄漏,从而改善压电传感器的低频特性。

(6)居里点即压电材料开始丧失压电性的温度。

常用压电晶体和陶瓷材料的主要性能列于表 5-1。

表 5-1　常用压电晶体和陶瓷材料的主要性能

参　数	石　英	钛酸钡	锆钛酸铅 PZT-4	锆钛酸铅 PZT-5	锆钛酸铅 PZT-8
压电常数/$(pC \cdot N^{-1})$	$d_{11}=2.31$ $d_{14}=0.73$	$d_{33}=190$ $d_{31}=-78$ $d_{15}=250$	$d_{33}=200$ $d_{31}=-100$ $d_{15}=410$	$d_{33}=415$ $d_{31}=-185$ $d_{15}=670$	$d_{33}=200$ $d_{31}=-90$ $d_{15}=410$
相对介电常数,ε_r	4.5	1 200	1 050	2 100	1 000
居里温度点/℃	573	115	310	260	300
最高使用温度/℃	550	80	250	250	250
$10^{-3} \cdot$ 密度/$(kg \cdot m^{-3})$	2.65	5.5	7.45	7.5	7.45
$10^{-9} \cdot$ 弹性模量/$(N \cdot m^{-2})$	80	110	83.3	117	123
机械品质因数	$10^5 \sim 10^6$		$\geqslant 500$	80	$\geqslant 800$
$10^{-5} \cdot$ 最大安全应力/$(N \cdot m^{-2})$	$95 \sim 100$	81	76	76	83
体积电阻率/$(\Omega \cdot m)$	$>10^{12}$	10^{10} *	$>10^{10}$	10^{11}	
最高允许相对湿度/%	100	100	100	100	

* 在 25 ℃以下。

3. 新型压电材料

(1)压电半导体。1968 年以来,出现了多种压电半导体如硫化锌(ZnS)、碲化镉(CdTe)、氧化锌(ZnO)、硫化镉(CdS)、碲化锌(ZnTe)、砷化镓(GaAs)等。这些材料的显著特点是:既具有压电特性,又具有半导体特性。因此既可用其压电性研制传感器,又可用其半导体特性制作电子器件;也可以两者结合,集元件与线路于一体,研制成新型集成压电传感器测试系统。

(2)有机高分子压电材料。

其一,是某些合成高分子聚合物,经延展拉伸和电极化后具有压电性高分子压电薄膜,如聚氟乙烯(polyvinyl fluoride,PVF)、聚偏氟乙烯(PVF$_2$)、聚氯乙烯(polyvinyl chloride,PVC)、聚 γ 甲基-L 谷氨酸酯(poly-γ-methyl-L-glutamate,PMG)、尼龙 11 等。这些材料的独特优点是质轻柔软,抗拉强度较高,蠕变小,耐冲击,体电阻达 10^{12} Ω·m,击穿强度为 $150 \sim 200$ kV/mm,声阻抗近于水和生物体含水组织,热释电性和热稳定性好,且便于批量生产和大面积使用,可制成大面积阵列传感器乃至人工皮肤。

其二,是高分子化合物中掺杂压电陶瓷 PZT 或 BaTiO$_3$ 粉末制成的高分子压电薄膜。这种复合压电材料同样既保持了高分子压电薄膜的柔软性,又具有较高的压电性和机电耦合系数。

5.1.3　压电振子

逆压电效应可以使压电体振动,可以构成超声波换能器、微量天平、惯性传感器、声表面波传感器等,还可以产生微位移,在光电传感器中作为精密微调环节。

要使压电体中的某种振动模式能被外电场激发,首先要有适当的机电耦合途径把电场能转换成与该种振动模式相对应的弹性能。当在压电体的某一方向上加电场时,可从与该方向相对应的非零压电系数来判断何种振动方式有可能被激发。例如,对于经过极化处理的压电陶瓷,一共有 3 个非零的压电系数:$d_{31}=d_{32}=d_{33}$,$d_{15}=d_{24}$。因此若沿极化轴 Z 方向加电场,则通过 d_{33} 的耦合在 Z 方向上激发纵向振动,并通过 d_{31} 和 d_{32} 在垂直于极化方向的 X 轴和 Y 轴上激发起相应的横向振动。而在垂直于极化方向的 X 轴或 Y 轴上加电场,则通过 d_{15} 和 d_{24} 激发起绕 Y 轴或 X 轴的剪切振动。压电常数的 18 个分量能激发的振动可分成四大类,如图 5-8 所示,它们是:①垂直于电场方向的伸缩振动,用 LE(lensth expansion)表示;②平行于电场方向的伸缩振动,用 TE(thickness expansion)表示;③垂直于电场平面内的剪切振动,用 FS(face shear)表示;④平行于电场平面内的剪切振动,用 TS(thickness shear)表示。

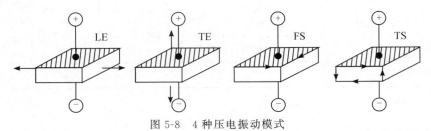

图 5-8　4 种压电振动模式

按照粒子振动时的速度方向与弹性波的传播方向,这些由压电效应激发的振动可分纵波与横波两大类。前者粒子振动的速度方向与弹性波的传播方向平行,而后者则互相垂直。按照外加电场与弹性波传播方向间的关系,压电振动又可分为纵向效应与横向效应两大类。当弹性波的传播方向平行于电场方向时为纵向效应,而两者互相垂直时为横向效应。压电体中能被外电场激发的振动模式还和压电体的形状尺寸有着密切的关系,压电体的形状应该有利于所需振动模式的机电能量转换。

5.2　压电传感器等效电路和测量电路

5.2.1　等效电路

压电振子在其谐振频率附近的阻抗—频率特性可近似地用一个等效电路来描述。图 5-9 所示是常用的一种等效电路及其阻抗特性的示意图,其中 C_0 表示振子在高频下的等效电容。L_1,C_1 和 R_1 组成的串联谐振电路,用电场能和磁场能之间的相互转换,模拟了压电振子中通过正、逆压电效应所做的电能与弹性能之间的相互转换,其中 L_1 为动态电感,C_1 为动态电容,R_1 为机械阻尼电阻。等效电路中 C_0,C_1,L_1,R_1 的数值可通过测量振子的阻抗频率特性求得,也可通过计算,直接与压电材料的物理常数和振子的几何尺寸联系起来。图 5-9(b)中,f_s 为串联谐振频率,f_p 为并联谐振频率。

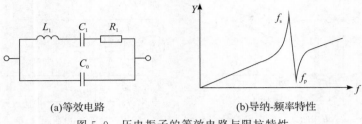

(a)等效电路　　　　　　(b)导纳-频率特性

图 5-9　压电振子的等效电路与阻抗特性

在低频应用时,$L_1=0$,$R_1=0$,从功能上讲,压电器件实际上是一个电荷发生器。

设压电材料的相对介电常数为 ε_r,极化面积为 A,两极面间距离(压电片厚度)为 t,如图 5-10 所示。这样又可将压电器件视为具有电容 C_a 的电容器,且有

$$c_n=\varepsilon_0\varepsilon_r A/t \tag{5-9}$$

因此,从性质上讲,压电器件实质上又是一个有源电容器,通常其绝缘电阻 $R_a\geqslant10^{10}$ Ω。当需要压电器件输出电压时,可把它等效成一个与电容串联的电压源,如图 5-10(a)所示。在开路状态,其输出端电压和电压灵敏度分别为

$$U_n=Q/C_n \tag{5-10}$$

$$K_u=U_n/F=Q/C_nF \tag{5-11}$$

式中,F 为作用在压电器件上的外力。当需要压电器件输出电荷时,则可把它等效成一个与电容相并联的电荷源,如图 5-10(b)所示。同样,在开路状态,输出端电荷为

$$Q=C_aU_a \tag{5-12}$$

式中,U_a 为极板电荷形成的电压。这时的输出电荷灵敏度为

$$K_q=Q/F=C_aU_a/F \tag{5-13}$$

显然 K_u 与 K_q 之间有如下关系

$$K_u=K_qU_a/Q \tag{5-14}$$

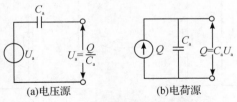

(a)电压源　　　　(b)电荷源

图 5-10　压电器件的理想等效电路

必须指出,上述等效电路及其输出,只有在压电器件本身理想绝缘、无泄漏、输出端开路(即 $R_a=R_L=\infty$)条件下才成立。在构成传感器时,总要利用电缆将压电器件接入测量线路或仪器。这样,就引入了电缆的分布电容 C_c,测量放大器的输入电阻 R_i 和电容 C_i 等形成的负载阻抗影响;加之考虑压电器件并非理想元件,它内部存在泄漏电阻 R_a,则由压电器件构成传感器的实际等效电路如图 5-11 所示。

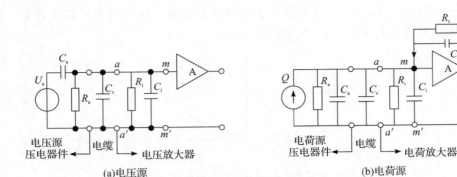

(a)电压源   (b)电荷源

图 5-11 压电传感器等效电路和测量电路

5.2.2 测量电路

压电器件既然是一个有源电容器,就必然存在与电容传感器相同的应用弱点——高内阻、小功率问题,必须进行前置放大,前置阻抗变换。压电传感器的测量电路有两种形式:电压放大器和电荷放大器。

1. 电压放大器

电压放大器又称阻抗变换器。它的主要作用是把压电器件的高输出阻抗变换为传感器的低输出阻抗,并保持输出电压与输入电压成正比。

(1)压电输出特性(即放大器输入特性)。将图 5-12(a)mm'左部等效化简成图 5-12(b)所示。由图可得回路输出

$$\dot{U}=\dot{I}Z=\frac{U_aC_a\mathrm{j}\omega R}{1+\mathrm{j}\omega RC} \tag{5-15}$$

式中,$Z=R/(1+\mathrm{j}\omega RC')$;$R=R_aR_i/(R_a+R_i)$ 为测量回路等效电阻;$C=C_a+C'=C_a+C_i+C_c$ 为测量回路等效电容;ω 为压电转换角频率。

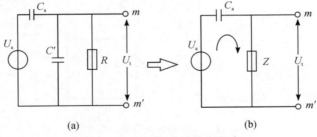

(a)   (b)

图 5-12 电压放大器简化电路

假设压电器件取压电常数为 d_{33} 的压电陶瓷,并在其极化方向上受有角频率为 ω 的交变力 $F=F_m\sin\omega t$,则压电器件的输出

$$\dot{U}_a=\frac{\dot{Q}}{C_a}=\frac{d_{33}}{C_a}F=\frac{\dot{d}_{33}}{C_a}F_m\sin\omega t \tag{5-16}$$

代入式(5-15)可得压电回路输出特性和电压灵敏度分别为

$$\dot{U}_1 = d_{33}\dot{F}\,\frac{j\omega R}{1+j\omega RC} \tag{5-17}$$

$$K_u(j\omega) = \frac{\dot{U}_t}{\dot{F}} = d_{33}\,\frac{j\omega R}{1+j\omega RC} \tag{5-18}$$

其幅值和相位分别为

$$K_{um} = \left|\frac{\dot{U}_t}{F_m}\right| = \frac{d_{33}\omega R}{\sqrt{1+(\omega RC)^2}} \tag{5-19}$$

$$\varphi = \frac{\pi}{2} - \arctan(\omega RC) \tag{5-20}$$

(2)动态特性。这里着重讨论动态条件下压电回路实际输出电压灵敏度相对理想情况下的偏离程度,即幅频特性。所谓理想情况是指回路等效电阻 $R=\infty$(即 $R_a=R_i=\infty$),电荷无泄漏。这样由式(5-19)可得理想情况的电压灵敏度

$$K_{um}^* = \frac{d_{33}}{C} = \frac{d_{33}}{C_a+C_c+C_i} \tag{5-21}$$

可见,它只与回路等效电容 C 有关,而与被测量的变化频率无关。因此,由式(5-19)与式(5-21)比较得相对电压灵敏度

$$k = \frac{K_{um}}{K_{um}^*} = \frac{\omega RC}{\sqrt{1+(\omega RC)^2}} = \frac{\omega/\omega_1}{\sqrt{1+(\omega RC)^2}} = \frac{\omega\tau}{\sqrt{1+(\omega\tau)^2}} \tag{5-22}$$

式中,ω_1 为测量回路角频率;$\tau=1/\omega_1=RC$ 为测量回路时间常数。

由式(5-22)和式(5-20)做出的特性曲线示于图 5-13。由图不难分析:

(1)高频特性当 $\omega\tau\gg1$,即测量回路时间常数一定,而被测量频率愈高(实际只要 $\omega\tau\geqslant3$)时,则回路的输出电压灵敏度就愈接近理想情况。这表明,压电器件的高频响应特性好。

(2)低频特性当 $\omega\tau\ll1$,即 τ 一定,而被测量的频率愈低时,电压灵敏度愈偏离理想情况,同时相位角的误差也愈大。

由于采用电压放大器的压电传感器,其输出电压灵敏度受电缆分布电容 C_c 的影响[式(5-21)],因此电缆的增长或变动,将使已标定的灵敏度改变。

电压放大器的阻抗变换电路如图 5-14 所示。

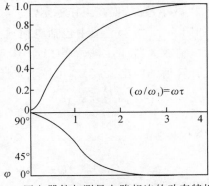

图 5-13　压电器件与测量电路相连的动态特性曲线

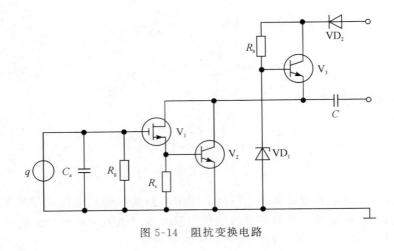

图 5-14　阻抗变换电路

2. 电荷放大器

（1）工作原理和输出特性。电荷放大器的原理如图 5-11(b)所示。它的特点是，能把压电器件高内阻的电荷源变换为传感器低内阻的电压源，以实现阻抗匹配，并使其输出电压与输入电荷成正比，而且，传感器的灵敏度不受电缆变化的影响。

图 5-15 中的电荷放大级又称电荷变换级，输入电容 C 是输入并联电容的总和，C_f 为负反馈电容。放大器的输出

$$U_o = \frac{-AQ}{(1+A)C_f + C} \tag{5-23}$$

通常放大器开环增益 $A = 10^4 \sim 10^6$，因此 $(1+A)C_f \gg C$（一般取 $AC_f > 10C$ 即可），则有

$$U_o = -Q/C_f \tag{5-24}$$

上式表明，电荷放大器输出电压与输入电荷及反馈电容有关。只要 C_f 恒定，就可实现回路输出电压与输入电荷成正比，相位差180°。

$$K_u = -1/C_f \tag{5-25}$$

输出灵敏度只与反馈电容有关，而与电缆电容无关。根据式(5-25)，电荷放大器的灵敏度调节可采用切换 C_f 的办法，通常 $C_f = 100 \sim 10\ 000$ pF。在 C_f 的两端并联 $R_f = 10^{10} \sim 10^{14}$ Ω，可以提高直流负反馈，以减小零漂，提高工作稳定性。

电荷放大器的具体线路如图 5-15 所示。图中包括电荷放大部分和电压放大部分。在低频测量时，第一级放大器即电荷放大器，的闪烁噪声（$1/f$ 噪声）就突显出来。电荷放大器的输入噪声 V_{ni} 与经同相放大计算后的输出噪声 V_{no} 可按下式计算

$$V_{no} = \left(\frac{C}{C_f} + 1\right) V_{ni} \tag{5-26}$$

电荷放大器输出端信噪比 R_{SN} 为

$$R_{SN} = \frac{\dfrac{Q}{C_f}}{\dfrac{C}{C_f} + 1} = \frac{Q}{C + C_f} \tag{5-27}$$

由式(5-27)可知，提高信噪比的有效措施是减小反馈电容 C_f。但是电荷放大器的低频

下限受 R_fC_f 乘积的影响,过大的 R_f 在工艺上难以实现。设计电荷放大器时,要充分重视构成电荷放大器的运算放大器。它们应有低的偏置输入电压、低的偏流以及低的失调漂移等性能。工艺上,因为即使很小的漏电电流进入电荷放大器也会产生误差,所以输入部分要用聚四氟乙烯支架等绝缘子进行特殊绝缘。

图 5-15 中 R_f 阻值很大,不宜实现,可用图 5-16 电路实现。运算放大器 A 等电路提供了直流负反馈。

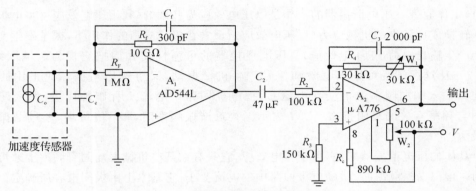

图 5-15　电荷放大器的具体线路举例

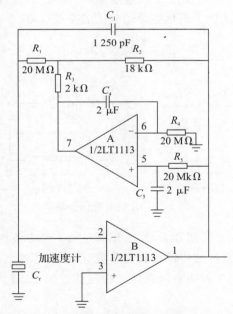

图 5-16　解决大电阻直流负反馈工艺难点的一种方法

(2)高、低频限。电荷放大器的高频上限主要取决于压电器件的 C_a 和电缆的 C_c 与 R_c:

$$f_H=\frac{1}{2\pi R_c(C_a+C_c)} \tag{5-28}$$

由于 C_a,C_c,R_c 通常都很小,因此高频上限 f_H 可高达 180 kHz。

电荷放大器的低频下限,由于 A 相当大,通常 $(1+A)C_f\gg C$,$R_f/(1+A)\ll R_f$,因此只

取决于反馈回路参数 R_f, C_f：

$$f_L = \frac{1}{2\pi R_f C_f} \tag{5-29}$$

它与电缆电容无关。由于运算放大器的时间常数 $R_f C_f$ 可做得很大，因此电荷放大器的低频下限 f_L 可低至 $10^{-1} \sim 10^{-4}$ Hz（准静态）。

3. 谐振电路

（1）工作原理。压电谐振器的工作是以压电效应为基础的，利用压电效应可将电极的输入电压转换成振子中的机械应力（反压电效应）；反之在机械应力的作用下，振子发生变形在电极上产生输出电荷（正压电效应）。压电变换器的可逆性使我们把它视为二端网络（见图 5-17），从这两端既可输入电激励信号产生机械振动，又可取出与振幅成正比的电信号。在其输入端加频率为 f 交变电压 U，把电极回路中电流 I 看作特征量，那么谐振器可以用与频率有关的复阻抗 $Z=U/I$ 表示。接近谐振频率时，$|Z|$ 值最小，通过谐振器的电流最大。

对具体的压电谐振器来说，由于压电效应，它只在某些机械振动固有频率上才可以被电激励。偏离谐振频率时，激励电极回路中的电流变小，它基本上由极间电容所确定。当激励电压的频率接近于压电谐振器的某一谐振频率 f_s 时，机械振动的振幅加大，并且在该频率上达到最大值。电极上的电荷也按比例地增加，电荷 Q 的极性随输入信号的频率而改变，因此流过压电元件的是正比于机械振动动幅值的交变电流。

$$\dot{K}' = \frac{\dot{U}_o}{\dot{U}_i} = \frac{\dot{K}_0}{1 - \dot{K}_0 \dot{\beta}} \tag{5-30}$$

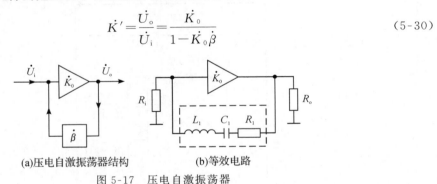

(a)压电自激振荡器结构　　(b)等效电路

图 5-17　压电自激振荡器

为了产生不间断的等幅振荡闭环系统，必须满足如下两个条件：

（1）相位条件。当开环系统的传输系数为实数时，也就是放大器和谐振器的总相移等于或整数倍于 2π 时，闭环回路中发生自激振荡。在这种情况下，放大器在自振频率下实现正反馈。

（2）幅值条件。振动频率满足关系 $|\dot{K}_0 \dot{\beta}| > 1$。

（2）电路举例。图 5-18 所示为电容三点式压电体振荡电路，由场效应晶体管和结型晶体管组成，电容 C 可在 $10 \sim 500$ pF 范围内调整。图 5-19 所示电路由 TTL 反相器组成。图 5-20 所示电路将压电体的驱动与检测电极分开，电极有公共接地点，便于屏蔽。该电路适用于声表面波压电传感器。

被检测量的变化所引起的压电元件谐振频率偏移比原频率要小得多，这时需要检测出频率偏移量，而不是总频率。图 5-21 中利用二极管的非线性原理的频差检测电路。低通滤

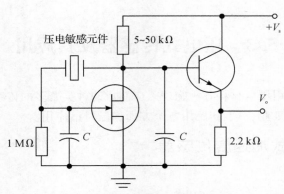

图 5-18　电容三点式压电体振荡电路

波器将 f_1, f_2, f_1+f_2 频率成分以及倍频成分滤除, 只允许 $|f_1-f_2|$ 差频成分通过。

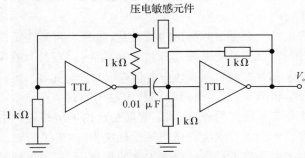

图 5-19　由 TTL 逻辑电路组成的振荡电路

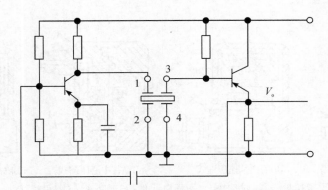

图 5-20　驱动与检测电极分开的压电振动传感电路

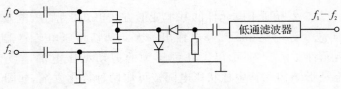

图 5-21　频差检测电路

5.3 压电式传感器及其应用

广义地讲,凡是利用压电材料各种物理效应制成的种类繁多的传感器,都可称为压电式传感器。迄今,它们在工业、军事和民用各个方面均已付诸应用。

5.3.1 压电式加速度传感器

1. 结构类型

目前压电加速度传感器的结构类型主要有压缩型、剪切型和复合型 3 种,这里介绍前两种。

(1)压缩型。图 5-22 所示为常用的压缩型压电加速度传感器结构,压电元件选用 d_{11} 和 d_{33} 形式。

图 5-22(a)所示的正装中心压缩式的结构特点是,质量块和弹性元件通过中心螺栓固紧在基座上形成独立的体系,以与易受非振动环境干扰的壳体分开,具有灵敏度高、性能稳定、频响好、工作可靠等优点,但基座的机械和热应变仍有影响。为此,设计出改进型如图 5-22(b)所示的隔离基座压缩式,和图 5-22(c)所示的倒装中心压缩式。图 5-22(d)所示是一种双筒双屏蔽新颖结构,除外壳起屏蔽作用外,内预紧套筒也起内屏蔽作用。由于预紧筒横向刚度大,因此大大提高了传感器的综合刚度和横向抗干扰能力,改善了特性。这种结构还在基座上设有应力槽,可起到隔离基座机械和热应变干扰的作用,不失为一种采取综合抗干扰措施的好设计,但工艺较复杂。

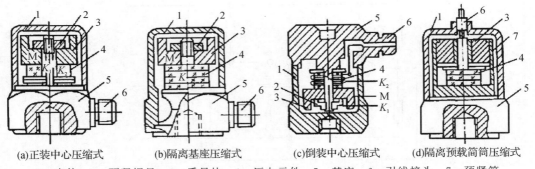

(a)正装中心压缩式　(b)隔离基座压缩式　(c)倒装中心压缩式　(d)隔离预载筒筒压缩式

1—壳体　2—预紧螺母　3—质量块　4—压电元件　5—基座　6—引线接头　7—预紧筒

图 5-22 压缩型压电加速度传感器

(2)剪切型。由表 5-2 所列压电元件的基本变形方式可知,剪切压电效应以压电陶瓷为佳,理论上不受横向应变等干扰和无热释电输出。因此剪切型压电传感器多采用极化压电陶瓷作为压电转换元件。图 5-23 示出了几种典型的剪切型压电加速度传感器结构。图 5-23(a)所示为中空柱形结构。其中柱状压电陶瓷可取两种极化方案,如图 5-23(b)所示:一是取轴向极化,d_{24} 为剪切压电效应,电荷从内外表面引出;二是取径向极化,d_{15} 为剪切压电效应,电荷从上下端面引出。剪切型结构简单、轻小、灵敏度高;存在的问题是压电元件作用面(结合面)需通过黏结(d_{24} 方案需用导电胶黏结),装配困难,且不耐高温和大载荷。

表 5-2　压缩型与剪切型压电加速度传感器性能比较

形式/性能	最大横向灵敏度/%	基座应变灵敏度/$[\mathrm{ms}^{-2} \cdot (\mu\varepsilon)^{-1}]$	瞬变温度灵敏度/$(\mathrm{ms}^{-2} \cdot ℃^{-1})$	声灵敏度/$[\mathrm{ms}^{-2} \cdot (154\ \mathrm{dB})^{-1}]$	磁场灵敏度/$(\mathrm{ms}^{-2} \cdot \mathrm{T}^{-1})$
4335 压缩型	<4(个别值)	2	3.9	1	9.8
4396 剪切型	<4(最大值)	0.08	0.39	0.005	5.9

图 5-23(c)所示为扁环形结构。它除上述中空柱形结构的优点外,还可当作垫圈一样在有限的空间使用。

图 5-23(d)所示为三角剪切式新颖结构。3 块压电片和扇形质量块呈等三角空间分布,由预紧筒固紧在三角中心柱上,消除了胶结,改善了线性和温度特性,但材料的匹配和制作工艺要求高。

图 5-23(e)所示为 H 形结构,左右压电组件通过横螺栓固紧在中心立柱上。它综合了上述各种剪切式结构的优点,具有更好的静态特性,更高的信噪比和宽的高低频特性,装配也方便。

横向灵敏度是衡量横向干扰效应的指标。一只理想的单轴压电传感器,应该仅敏感其轴向的作用力,而对横向作用力不敏感。例如,对压缩式压电传感器,就要求压电元件的敏感轴(电极向)与传感器轴线(受力向)完全一致。但实际的压电传感器由于压电切片、极化方向的偏差,压电片各作用面的粗糙度或各作用面的不平行,以及装配、安装不精确等种种原因,都会造成如图 5-23 所示的压电传感器电轴方向与力轴方向不重合。产生横向灵敏度的必要条件:一是伴随轴向作用力的同时,存在横向力;二是压电元件本身具有横向压电效应。因此,消除横向灵敏度的技术途径也相应有二:一是从设计、工艺和使用诸方面确保力与电轴的一致;二是尽量采用剪切型力-电转换方式。一只较好的压电传感器,最大横向灵敏度不大于 5%。

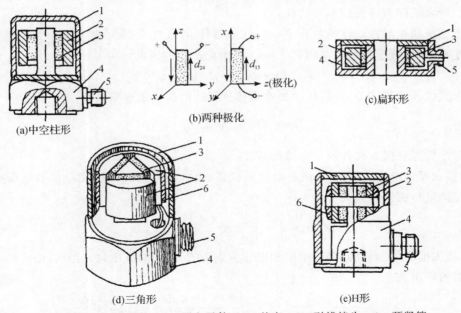

(a)中空柱形　　(b)两种极化　　(c)扁环形

(d)三角形　　　　(e)H形

1—壳体　2—质量块　3—压电元件　4—基座　5—引线接头　6—预紧筒

图 5-23　剪切型压电式加速度传感器结构

2. 压电加速度传感器的动态特性

我们以图 5-23（a）所示的加速度传感器为例，并把它简化成如图 5-24 所示的"m-k-c"力学模型，其中 k 为压电器件的弹性系数，被测加速度 $a=\ddot{x}$ 为输入。设质量块 m 的绝对位移为 x_a，质量块对壳体的相对位移 $y=x_a-x$ 为传感器的输出。由此列出质量块的动力学方程

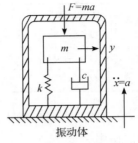

图 5-24　压电加速度传感器的力学模型

$$m\,\ddot{x}_a+c(\dot{x}_a-\dot{x})+k(x_a-x)=0 \quad (5\text{-}31)$$

或整理成

$$m\,\ddot{y}+c\,\dot{y}+ky=-ma=-m\,\ddot{x} \quad (5\text{-}32)$$

这是一典型的二阶系统方程，其对位移响应的传递函数、幅频和相频特性。幅频特性为

$$A(\omega)_x=\left|\frac{y}{x}\right|=\frac{K}{\sqrt{[1-(\omega/\omega_n)^2]^2+[2\xi(\omega/\omega_n)]^2}} \quad (5\text{-}33)$$

式中，$\omega=\sqrt{k/m}$；$\xi=c/2\sqrt{km}$；K 为静态灵敏度，等于静态输出与输入之比，由静态时方程 $ky=-ma$ 得

$$K=\left|\frac{y}{a}\right|=\frac{m}{k}=\frac{1}{\omega_n^2} \quad (5\text{-}34)$$

代入式（5-33）可得系统对加速度响应的幅频特性

$$A(\omega)_a=\left|\frac{y}{a}\right|=\frac{1/\omega_n^2}{\sqrt{[1-(\omega/\omega_n)^2]^2+[2\xi(\omega/\omega_n)]^2}}=A(\omega_n)\frac{1}{\omega_n^2} \quad (5\text{-}35)$$

式中

$$A(\omega_n)=1/\sqrt{[1-(\omega/\omega_n)^2]^2+[2\xi(\omega/\omega_n)]^2}$$

为表征二阶系统固有特性的幅频特性。

由于质量块相对振动体的位移 y 即是压电器件（设压电常数为 d_{33}）受惯性力 F 作用后产生的变形，在其线性弹性范围内有 $F=ky$。由此产生的压电效应

$$Q=d_{33}F=d_{33}ky \quad (5\text{-}36)$$

将上式代入式（5-35），即得压电加速度传感器的电荷灵敏度幅频特性为

$$A(\omega)_a=\left|\frac{Q}{a}\right|=A(\omega_n)d_{33}k/\omega_n^2 \quad (5\text{-}37)$$

若考虑传感器接入两种测量电路的情况：

（1）接入反馈电容为 C_f 的高增益电荷放大器，由式（5-24）和式（5-37）得带电荷放大器的压电加速度传感器的幅频特性为

$$A(\omega)_q=\left|\frac{U_o}{a}\right|_q=A(\omega_n)d_{33}k/C_f\omega_n^2 \quad (5\text{-}38)$$

（2）接入增益为 A，回路等效电阻和电容分别为 R 和 C 的电压放大器后，由式（5-19）可得放大器的输出为

$$|U_o|=\frac{Ad_{33}F_m\omega R}{\sqrt{1+(\omega RC)^2}}=\frac{1}{\sqrt{1+(\omega_1/\omega)^2}}\frac{Ad_{33}F_m}{C}=A(\omega_1)\frac{Ad_{33}F_m}{C} \quad (5\text{-}39)$$

式中

$$A(\omega_1)=1/\sqrt{1+(\omega_1/\omega)^2} \tag{5-40}$$

是由电压放大器回路角频率 ω_1 决定的,表征回路固有特性的幅频特性。

由式(5-40)和式(5-38)不难得到,带电压放大器的压电加速度传感器的幅频特性为

$$A(\omega)_u=\left|\frac{U_o}{a}\right|_u=A(\omega_1)A(\omega_n)\frac{Ad_{33}k}{C\omega_n^2} \tag{5-41}$$

由式(5-41)描绘的相对频率特性曲线如图 5-25 所示。

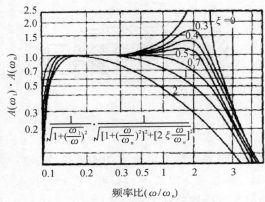

图 5-25　压电加速度传感器的幅频特性

综上所述:

(1)由图 5-25 可知,当压电加速度传感器处于 $(\omega/\omega_n)\ll1$,即 $A(\omega_n)\to1$ 时,可得到灵敏度不随 ω 而变的线性输出,这时按式(5-37)和式(5-38)得传感器的灵敏度近似为一常数。

$$\frac{Q}{a}\approx\frac{d_{33}k}{\omega_n^2}\text{(传感器本身)} \tag{5-42}$$

或

$$\frac{U_o}{a}\approx\frac{d_{33}k}{C_f\omega_n^2}\text{(带电荷放大器)} \tag{5-43}$$

这是我们所希望的,通常取 $\omega_n>(3\sim5)\omega$。

(2)由式(5-41)可知,配电压放大器的加速度传感器特性由低频特性 $A(\omega_1)$ 和高频特性 $A(\omega_n)$ 组成。高频特性由传感器机械系统固有特性所决定,低频特性由测量回路的时间常数 $\tau=1/\omega_1=RC$ 所决定。只有当 $\omega/\omega_n\ll1$ 和 $\omega_1/\omega\ll1$(即 $\omega_1\ll\omega\ll\omega_n$)时,传感器的灵敏度为常数。

$$\frac{U_o}{a}\approx\frac{d_{33}kA}{\omega_n^2C} \tag{5-44}$$

满足此线性输出条件的合理参数选择见上述分析,否则将产生动态幅值误差:

高频段　　　　　　　　　　$\delta_H=[A(\omega_n)-1]\%$ 　　　　　　　　　(5-45)

低频段　　　　　　　　　　$\delta_L=[A(\omega_1)-1]\%$ 　　　　　　　　　(5-46)

此外,在测量具有多种频率成分的复合振动时,还受到相位误差的限制。

5.3.2　压电式力传感器

压电式力传感器是利用压电元件直接实现力-电转换的传感器,在拉、压场合,通常较多采用双片或多片石英晶片作为压电元件。压电式力传感器刚度大,测量范围宽,线性及稳定性高,动态特性好。当采用大时间常数的电荷放大器时,可测量准静态力。其按测力状态分,有单向、双向和三向传感器,它们在结构上基本一样。图 5-26 所示为单向压缩式压电力传感器,两敏感晶片同极性对接,信号电荷提高一倍,晶片与壳体绝缘问题得到较好解决。

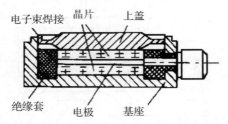

图 5-26　单向压缩式压电力传感器

压电式力传感器的工作原理和特性与压电式加速度传感器基本相同。以单向力 F_z 作用为例,仍可由上述的典型二阶系统加以描述。参照式(5-37)代入 $F_z = ma$,即可得单向压缩式压电力传感器的电荷灵敏度幅频特性。

$$\left|\frac{Q}{F_z}\right| = A(\omega_n)d_{11} = \frac{d_{11}}{\sqrt{\left[1-\left(\frac{\omega}{\omega_n}\right)^2\right]^2 + \left[2\xi\frac{\omega}{\omega_n}\right]^2}} \tag{5-47}$$

可见,当 $(\omega/\omega_n) \ll 1$(即 $\omega \ll \omega_n$)时,上式变为

$$\frac{Q}{F_z} \approx d_{11} \quad 或 \quad Q \approx d_{11}F_z \tag{5-48}$$

这时,力传感器的输出电荷 Q 与被测力 F_z 成正比。

5.3.3　压电角速度陀螺

利用压电体的谐振特性,可以组成压电体谐振式传感器。压电晶体本身有其固有的振动频率,当强迫振动频率与它的固有振动频率相同时,就会产生谐振。

各种不同类型的压电谐振传感器按其调制谐振器参数的效应或机理可以归纳为下列几种:

(1)应变敏感型压电谐振传感器。在这类传感器中,被测量直接或间接地引起压电元件的机械变形,通过压电谐振器的应变敏感性来实现参数的转换。

(2)热敏型压电谐振传感器。在这类传感器中,被测量直接或间接地影响压电元件的平均温度,借压电谐振器的热敏感性实现参数的转换。

(3)声负载(复阻抗 Z)敏感型压电谐振传感器。在这类装置中,被测参数调制压电元件振动表面的超声辐射条件。声压电谐振传感器的工作机理被称为声敏感性。

(4)质量敏感型压电谐振传感器。这类传感器应用谐振器的参数与压电元件表面连接物质的质量之间的关系,通过压电谐振器的质量敏感性来实现参数的转换。

（5）回转敏感型压电谐振传感器，即压电角速度陀螺。本节主要介绍其原理。

逆压电效应的应用也很广泛。基于逆压电效应的超声波发生器（换能器）是超声检测技术及仪器的关键器件。这里介绍逆压电效应与正压电效应的一个联合应用：压电陀螺。

压电陀螺是利用晶体压电效应敏感角参量的一种新型微型固体惯性传感器。压电陀螺消除了传统陀螺的转动部分，故陀螺寿命取得了重大突破，平均故障间隔时间（mean time between failure，MTBF）达 10 000 h 以上。压电陀螺最初是应近程制导需求发展起来的。这里仅介绍振梁型压电角速度陀螺。

振梁型压电角速度陀螺的工作原理如图 5-27 所示。这种陀螺的核心元件是一根矩形振梁，振梁材料可以是恒弹性合金，也可以是石英或铌酸锂等晶体材料。在振梁的 4 个面上贴上两对压电换能器，当其中一对换能器（驱动和反馈换能器）加上电信号时，由于逆压电效应，梁产生基波弯曲振动，即

$$X(t)=X_0\sin\omega_c t \tag{5-49}$$

式中，X_0 是振动的最大振幅；ω_c 是驱动电压的频率。

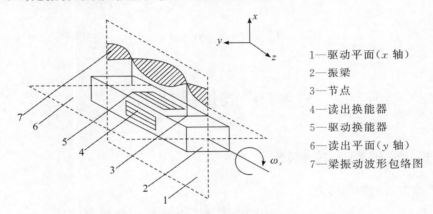

1—驱动平面（x 轴）
2—振梁
3—节点
4—读出换能器
5—驱动换能器
6—读出平面（y 轴）
7—梁振动波形包络图

图 5-27　振梁型压电角速度陀螺的工作原理

上述振动在垂直于驱动平面的方向上产生线性动量 mV（V 是质点的线速度，m 是质点的质量）。当绕纵轴（z 轴）输入角速度 ω_z 时，在与驱动平面垂直的读出平面内产生惯性力（柯里奥利力）

$$F=-2m(\omega_z\times V) \tag{5-50}$$

惯性力使读出平面内的一对换能器也产生机械振动，其振幅

$$Y(t)=\frac{2X_0\omega_z}{\omega_c\left[\left(1-\dfrac{\omega_c^2}{\omega_0^2}\right)+\left(\dfrac{\omega_c}{\omega_0 Q_0}\right)^2\right]^{1/2}}\cos(\omega_c t-\varphi_c) \tag{5-51}$$

式中

$$\varphi_c=\arctan\left[\frac{\omega_c\omega_0}{Q_0(\omega_0^2-\omega_c^2)}\right] \tag{5-52}$$

ω_0 和 Q_0 分别是读出平面的谐振频率和机械品质因素。

由于压电效应，惯性力在读出平面内产生的机械振动使读出面内的压电换能器产生电信号输出。输出电压的量值决定于振幅 $Y(t)$。由式（5-50）和（5-51）可知，当振梁、压电换

能器和驱动电压一定时,输出电信号的大小仅与输入角速度 ω_z 的大小有关。

压电陀螺的敏感器件结构如图 5-28 所示。振梁尺寸根据使用要求确定,梁的驱动谐振频率和尺寸的关系:

$$f_c = \frac{\alpha h}{2\pi l}\sqrt{\frac{Eg}{12\rho}} \tag{5-53}$$

式中,α 为与振动模式有关的常数;E 为杨氏弹性模量;l 为梁的长度,根据使用要求,可设计成 30~150 mm;h 为梁弯曲方向的厚度,根据使用要求,可设计成 2~6 mm;ρ 为梁的密度;g 为重力加速度。

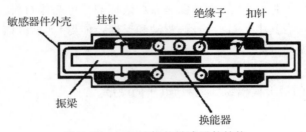

图 5-28　压电陀螺的敏感器件结构

5.4　声波传感技术

5.4.1　声表面波传感器

1. 声表面波传感器的特点

声表面波(surface acoustic wave,SAW)是英国物理学家瑞利(Rayleigh)于 19 世纪末期在研究地震波的过程中发现的一种集中在地表面传播的声波。后来发现,任何固体表面都存在这种现象。1965 年,美国的 White 和 Voltmov 发明了能在压电晶体材料表面激励声表面波的金属叉指换能器(inter digital transducer,IDT)之后,大大加速了声表面波技术的研究,使 SAW 技术逐步发展成一门新兴的声学与电子学相结合的边缘学科。利用 SAW 技术研制、开发新型传感器还是 20 世纪 80 年代以后的事。起初,人们观察到某些外界因素(如温度、压力、加速度、磁场、电压等)对 SAW 的传播参数会造成影响,进而研究这些影响与外界因素之间的关系,根据这些关系,设计出各种结构形式并制作出用于检测各种物理、化学参数的传感器。

SAW 传感器之所以能够迅速发展并得到广泛应用,是因为它具有许多独特的优点:

(1)高精度,高灵敏度。SAW 传感器是将被测量转换成电信号频率进行测量的,而频率的测量精度很高,有效检测范围线性好,抗干扰能力很强,适于远距离传输。例如,SAW 温度传感器的分辨率可以达到千分之几度。

(2)SAW 传感器将被测量转换成数字化的频率信号进行传输、处理,易于与计算机接口连接,组成自适应的实时处理系统。

(3)SAW 器件的制作与集成电路技术兼容,极易集成化、智能化,结构牢固,性能稳定,重复性与可靠性好,适于批量生产。

(4)体积小、重量轻、功耗低,可获得良好的热性能和机械性能。

SAW 传感器尽管还处于发展之中,但是它的基本物理过程是非常清楚的,因而具有广泛应用的巨大潜力。因为 SAW 几乎对所有的物理、化学现象均能感应,所以已经开发出几十种 SAW 传感器。

2. SAW 传感器的结构与工作原理

SAW 传感器是以 SAW 技术、电路技术、薄膜技术相结合设计的部件,由 SAW 换能器、电子放大器和 SAW 基片及其敏感区组成,采用瑞利波进行工作。

SAW 谐振器结构如图 5-29 所示,它是将一个或两个叉指换能器(IDT)置于一对反射栅阵列组成的腔体中组成的。谐振器结构采用一个 IDT 时,称为单端对谐振器;采用两个 IDT 时,称为双端对谐振器。

当在压电基片上设置两个 IDT,一个为发射 IDT,另一个为接收 IDT 时,SAW 在两个 IDT 中心距之间可产生时间延迟,所以称为 SAW 延迟线,如图 5-30 所示。它既是一个 SAW 滤波器,又是一个 SAW 延迟线。采用 SAW 谐振器和采用 SAW 延迟线结构组成的振荡器,分别称为谐振器型振荡器和延迟线型振荡器。

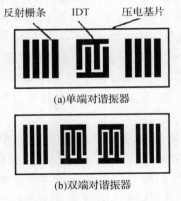 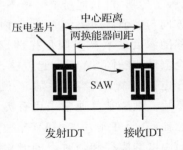

图 5-29　SAW 谐振器结构　　　　图 5-30　SAW 延迟线结构

(1)SAW 瑞利波。在无边界各向同性固体中传播的声波(称为体波或体声波)。依据质点的偏振方向(即质点振动方向),该声波可分为两大类,即纵波与横波。纵波质点振动平行于传播方向,横波质点振动垂直于传播方向。两者的传播速度取决于材料的弹性模量和密度,即

纵波速度

$$v_{\mathrm{L}} = \sqrt{\frac{E}{\rho} \frac{(1-\mu)}{(1+\mu)(1-2\mu)}} \qquad (5-54)$$

横波速度

$$v_{\mathrm{S}} = \sqrt{\frac{E}{\rho} \frac{1}{2(1+\mu)}} \qquad (5-55)$$

式中,E 为材料弹性模量;μ 为材料泊松比;ρ 为材料密度。

出于固体材料的泊松比 μ 一般在 $0\sim0.5$,所以从式(5-54)和式(5-55)可看出横波一般比纵波传播速度慢。对于压电晶体,由于压电效应,其在声波传播过程中,将有个电动势随

同传播,且使声波速度变快,这种现象称为"速度劲化"。

当固体有界时,由于边界变化的限制,可出现各种类型的声表面波,如瑞利波、电声波、乐甫波、广义瑞利波、拉姆波等。SAW 技术所应用的绝大部分是瑞利波,它的传播速度计算公式比较复杂,即使在最简单的非压电各向同性固体中,其速度 v_R 也是下列 6 次方程

$$r^6 - 8r^4 + 8r^2(3 - 2S^2) - 16(1 - S^2) = 0 \qquad (5\text{-}56)$$

的解。

式中,$r = \dfrac{v_R}{v_S}$;$S = \dfrac{v_S}{v_L} = \left[\dfrac{1 - 2\mu}{2(1 - \mu)}\right]^{\frac{1}{2}}$,$\mu = 0 \sim 0.5$。

解方程式(5-56)可得 r 值在 $0.87 \sim 0.96$。由此可得瑞利波的两个性质:

1)瑞利波的速度与频率无关,即瑞利波是非色散波。

2)瑞利波的速度比横波要慢。

这里讨论的 SAW 瑞利波既不是纵波,也不是横波,而是两者的叠加。已经证明,瑞利波质点的运动是一种椭圆偏振。在各向同性固体中,它是由平行于传播方向的纵振动和垂直于表面及传播方向的横振动两者合成的,两者的相位差为 90°。它的纵向分量能将压缩波入射到与 SAW 器件接邻的媒质中,它的垂直剪切分量容易受到相邻媒质黏度的影响。它与表面接触的媒质相互耦合时,其振幅与速度强烈地受到媒质的影响,振幅随深度的变化呈现不同的衰减。瑞利波的能量只集中在一个波长深的表面层内,而且频率愈高,能量集中的表面层就愈薄。在各向异性固体中,瑞利波除具上述性质外,还存在下面一些特点:瑞利波的相速度依赖于传播方向,能量流一般不平行于传播方向,质点的椭圆偏振不一定在弧矢平面(即传播方向与表面法线决定的平面)内,椭圆的主轴也不一定与传播方向或表面法线平行,质点位移随深度的衰减呈阻尼振荡形式。另外,SAW 在压电基片材料中传播的同时,还存在一个电动势随同 SAW 一起传播。

SAW 在压电衬底表面上容易激励、检测、抽取,并且效率高,没有寄生模型。

(2)敏感基片。敏感基片通常采用石英、$LiNbO_3$、$LiTaO_3$ 等压电单晶材料制成。对于 SAW 气体传感器,需要在基片的 SAW 传播路径上涂敷对气体有响应的吸附薄膜。由于 SAW 谐振器对温度的漂移和随时间的老化较敏感,因此一般选用具有零温度系数的某种方位角切下(Y 轴旋转 42°切下)切型石英材料作为基片。

当敏感基片受到多种物理、化学或机械扰动作用时,其振荡频率会发生变化。通过正确的理论计算和合理的结构设计,能使它仅对某一被测量有响应,并将其转换成频率量。由于 SAW 传播时能量主要集中在产生这种波的物质表面约一个波长的深度范围内,因此敏感区也集中在这一表面薄层附近。

(3)换能器。换能器(IDT)是用蒸发或溅射等方法在压电基片表面淀积一层金属膜,再用光刻方法形成的叉指状薄膜,它是产生和接收 SAW 的装置。当电压加到叉指电极上时,在电极之间建立了周期性空间电场,由于压电效应,在表面产生一个相应的弹性应变。由于电场集中在自由表面,因此产生的 SAW 很强烈。由 IDT 激励的 SAW 沿基片表面传播。当基片或基片上覆盖的敏感材料薄膜受到被测量调制时,其 SAW 的工作频率将改变,并由接收叉指电极拾取,从而构成频率输出传感器。频率范围属于甚高频或超高频,一般为几百兆赫兹左右。

在 IDT 发明之前,也有一些激励表面波的方法,如楔形换能器、梳状换能器等,但出于

它们不是变换效率低就是得不到高频率的 SAW 而被淘汰。此外,还有用模式转换的方法将体波转换成瑞利波,但这些方法也因效率低且波形不纯,而难以实用。到目前为止,只有 IDT 是唯一可实用的换能器。

IDT 的基本结构形式如图 5-31 所示,由若干淀积在用电衬底材料上的金属膜电极组成,这些电极条互相交叉配置,两端由汇流条连在一起。它的形状如同交叉平放的两排手指,故称为叉指电极。电极宽度和间距相等的 IDT 称均匀(或非色散)IDT。叉指周期 $T = 2a + 2b$,两相邻电极构成电极对,其相互重叠的长度为有效指长,即称换能器的孔径,记为 W。若换能器的各电极对重叠长度相等,则叫等孔径(等指长)换能器。IDT 是利用压电材料的

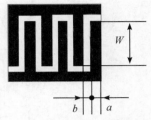

图 5-31　IDT 基本结构形式

逆压电与正压电效应来激励 SAW 的,既可用作发射换能器,用来激励 SAW,又可作为接收换能器,用来接收 SAW,因而这类换能器是可逆的。在发射 IDT 上施加适当频率的交流电信号后,压电基片内所出现的电场分布如图 5-32 所示。该电场可分解为垂直与水平两个分量(E_v 和 E_h),由于基片的逆压电效应。这个电场使指条电极间的材料发生形变(使质点发生位移),E_h 使质点产生平行于表面的压缩(膨胀)位移,E_v 则产生垂直于表面的切变位移。这种周期性的应变就产生沿 IDT 两侧表面传播出去的 SAW,其频率等于所施加电信号的频率。一侧无用的波可用一种高损耗介质吸收,另一侧的 SAW 传播至接收 IDT,借助于正压电效应将 SAW 转换为电信号输出。

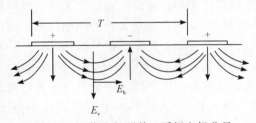

图 5-32　叉指电极下某一瞬间电场分量

IDT 有如下基本特性:

1)工作频率(f_0)高。由图 5-32 可见,基片在外加电场作用下产生局部形变。当声波波长与电极周期一致时得到最大激励(同步)。这时电极的周期 T 即为声波波长 λ,表示为

$$\lambda = T = v/f_0 \tag{5-57}$$

式中,v 为材料的表面波声速;f_0 为 SAW 频率,即外加电场同步频率。

当指宽 a 与间隔 b 相等时,$T = 4a$,则工作频率 f_0 为 $f_0 = \dfrac{1}{4}\dfrac{v}{a}$。可见 IDT 的最高工作频率只受工艺上所能获得的最小电极宽度 a 的限制。叉指电极由平面工艺制造,换能器的工作频率可高达吉赫兹。

2)时域(脉冲)响应与空间几何图形具有对称性。IDT 每对叉指电极的空间位置直接对应于时间波形的取样。在图 5-33 所示的多指对发射、接收情况下,将一个 δ 脉冲加到发射换能器上,在接收端收到的信号是到达接收换能器的声波幅度与相位的叠加,能量大小正比于指长,输出波形为两个换能器脉冲响应之卷积。图中单个换能器的脉冲为矩阵调制脉冲,如同几何图形一样,则卷积输出为三角形调制脉冲。换能器的传输函数为脉冲响应的傅氏

变换,这一关系为设计换能器提供了极简便的方法。

3)带宽直接取决于叉指对数。由于均匀(等指宽,等间隔)IDT,带宽可简单地由下式决定:

$$\Delta f = f_0 / N \tag{5-58}$$

式中,f_0为中心频率(工作频率);N为叉指对数。

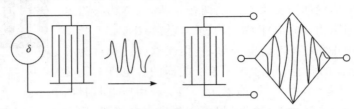

图 5-33　叉指换能器脉冲响应几何图形关系

由式(5-58)可知,中心频率一定时,带宽只决定于指对数。叉指对数 N 愈多,换能器带宽愈窄。表面波器件的带宽具有很大灵活性,相对带宽可窄到 0.1%,可宽到 1 倍频程(即 100%)。这样宽的范围,实用时均可做到。

4)具有互易性。作为激励 SAW 用的 IDT,同样(且同时)也可作为接收用。这在分析和设计时都很方便,但因此也带来麻烦,如声电再生等次级效应使器件性能变坏。

5)可作内加权。由特性 2)可推知,在 IDT 中,每对叉指辐射的能量与指长重叠度(有效长度,即孔径)有关,这就可以用改变指长重叠的办法来实现对脉冲信号幅度的加权。同时,因为叉指位置是信号相位的取样,故有意改变叉指的周期就可实现信号的相位加权(如色散换能器),或者两者同时使用,以获得某种特定的信号谱(如脉冲压缩滤波器)。图 5-33 简单地表示了这种情况。SAW 这种可内加极性比电子器件优越得多,省去难以调试且庞杂的外加权网络,且为某些特殊的信号处理提供简单而又方便的方法与器件。

6)制造简单,重复性、一致性好。SAW 器件的制造过程类似于半导体集成电路工艺,一旦设计完成,制得掩膜母版,只要复印就可获得一样的器件,所以这种器件具有很好的一致性及重复性。

3. SAW 振荡器

SAW 传感器的核心是 SAW 振荡器。就 SAW 传感器的工作原理来说,它属于谐振式传感器,有延迟线型(DL 型)和谐振器型(R 型)两种。

(1)延迟线型 SAW 振荡器。延迟线型 SAW 振荡器由 SAW 延迟线和放大电路组成,如图 5-34 所示。输入换能器 T_1 激发出 SAW,传播到换能器 T_2 转换成电信号,经放大后反馈到 T_1 以便保持振荡状态。应该满足的振荡条件是包括放大器在内的环路长度必须是 $2n$ 的正整数倍,即

$$2\pi f \times \frac{L}{v_s} + \varphi = 2\pi n \tag{5-59}$$

式中,f 为振荡频率;L 为 SAW 的传播路程,即 T_1 与 T_2 之间的中心距离;v_s 为 SAW 速度;d 为包括放大器和电缆在内的环路相位移;n 为正整数,通常为 $30\sim1\,000$。

由图 5-35 所示的延迟线型 SAW 振荡器的方框图可以看出,输入信号 U_i、输出信号 U_o 以及反馈信号之间应满足如下关系:

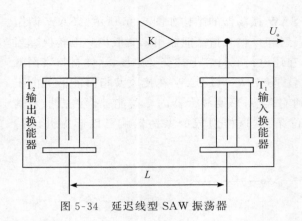

图 5-34　延迟线型 SAW 振荡器

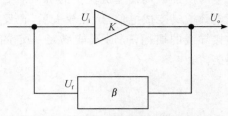

图 5-35　延迟线型 SAW 振荡器方框

$$\left.\begin{aligned}
U_{\mathrm{o}} &= U_{\mathrm{i}} = \beta U_{\mathrm{o}} = \beta(KU_{\mathrm{i}}) \\
\beta K U_{\mathrm{i}} &= U_{\mathrm{i}} \\
(\beta K - 1)U_{\mathrm{i}} &= 0 \\
\beta K &= 1
\end{aligned}\right\} \tag{5-60}$$

式中，β 为反馈系数；K 为放大系数，均以复数形式表示。显然，在闭合回路中，起振条件是 $\beta K \geqslant 1$。而维持振荡的条件包括两方面，一是振幅平衡条件 $\beta K = 1$；二是相位平衡条件 $\angle \varphi = 0$。

把放大器的输出端接入输入换能器 T_1，当 U_{o} 到达 T_1 时，按照逆压电效应，T_1 将电信号转换成 SAW，SAW 由 T_1 传到 T_2，经过路径为 L，由输出换能器即 T_2 按压电效应将 SAW 转换成电信号，送到放大器的输入端。只要放大器的增益足够高，足以抵消延迟线的插入损耗，并能满足相位条件，这一系统就能产生振荡。

这里的相位条件是整个环路的相移为零或者是 $2n$ 的整数倍，即

$$\varphi = \varphi_{\mathrm{D}} + \varphi_{\mathrm{E}} = 2n\pi \qquad n = 0, 1, 2, \cdots \tag{5-61}$$

式中，$\varPhi_{\mathrm{D}}$ 为延迟线的相位延迟；$\varPhi_{\mathrm{E}}$ 为放大器和换能器所引起的相位延迟。

如果延迟线的延迟路径为 L，SAW 的波速为 v_{s}，这时的延迟时间为

$$\tau_{\mathrm{D}} = \frac{L}{v_{\mathrm{s}}} \tag{5-62}$$

如果延迟线的角频率为 ω，则有

$$\varphi_{\mathrm{D}} = \omega \tau_{\mathrm{D}} = \omega \frac{L}{v_{\mathrm{s}}} \tag{5-63}$$

代入上式得

$$\frac{\omega L}{v_{\mathrm{s}}} + \varphi_{\mathrm{E}} = 2n\pi \tag{5-64}$$

由于 $\varphi_{\mathrm{E}} \ll 2\pi$，$\varphi_{\mathrm{D}} \ll 2\pi$，对于上式而言，$\varphi_{\mathrm{E}}$ 可以忽略，则有

$$\frac{\omega L}{v_{\mathrm{s}}} \approx 2n\pi \tag{5-65}$$

故

$$\omega \approx 2n\pi \frac{v_{\mathrm{s}}}{L} \tag{5-66}$$

（2）谐振器型 SAW 振荡器。谐振器型 SAW 振荡器的结构如图 5-36 所示。SAW 谐振器由一对叉指换能器与反射栅阵列组成。发射和接收叉指换能器用来完成声—电转换。当对发射叉指换能器加以交变信号时,相当于在压电衬底材料上加交变电场,这样材料表面就产生与所加电场强度成比例的机械形变,这就是 SAW。该 SAW 在接收叉指换能器上由于压电效应又变成电信号,经放大后,正反馈到输入端,只要放大器的增益能补偿谐振器及其连接导线的损耗,同时又能满足一定的相位条件,这样组成的振荡器就可以起振并维持振荡。

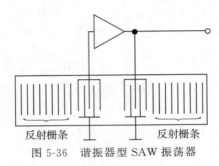

反射栅条　　　　　　　反射栅条

图 5-36　谐振器型 SAW 振荡器

谐振器作为稳频元件,与晶体在电路中的作用是一致的,这时输出频率是单一的。对于起振后的 SAW 振荡器,当基片材料由于外力或温度等物理量的变化而发生形变时,在其上传播的 SAW 速度就会改变,从而导致振荡器频率发生改变,频率的变化量可以作为被测物理量的量度。

根据对 SAW 器件研究的结果、用 SAW 器件配以必要的电路和机构,可做成测量机械应变、应力、压力、微小位移、作用力、流量、温度等传感器;利用同样的机理,通过合适的结构设计,也可做成 SAW 加速度计;通过对 SAW 器件基体材料的弹性力学分析和用波动方程进行推导计算,做成 SAW 角速度传感器以代替结构复杂的陀螺仪也是可能的;在两叉指换能器电报之间被覆一层对某种气体敏感(吸附和脱附)的薄膜,也可制成各种 SAW 气体传感器、湿度传感器等。目前已研制成十几种 SAW 气体传感器。用 SAW 器件还可以对高电压进行测量,做成高电压传感器。将 SAW 器件,特别是 SAW 谐振器用来制作测量各种物理量和化学量传感器,具有十分广阔的应用前景。

5.4.2　超声检测

超声学是声学的一个分支,它主要研究超声的产生方法和探测技术(包括显示),超声在各介质中的传播规律,超声和物质的相互作用,包括在微观尺度的相互作用,以及超声的众多应用。超声是指频率高于 20 kHz 的声音。一般来说,人耳是听不见频率高于 20 kHz 的声音的。由于历史原因和工作特点,少数频率低于 2×10^4 Hz 声波的应用,也包括在超声学的研究范围。

1. 超声检测的物理基础

振动在弹性介质内的传播称为波动,简称波。频率在 $16\sim2\times10^4$ Hz,能为人耳所闻的机械波,称为声波;低于 16 Hz 的机械波,称为次声波;高于 2×10^4 Hz 的机械波,称为超声波,如图 5-37 所示。

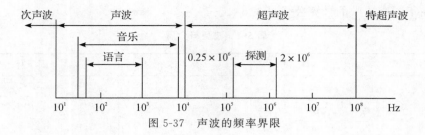

图 5-37　声波的频率界限

当超声波由一种介质入射到另一种介质时,由于在两种介质中的传播速度不同,在异质界面上会产生反射、折射和波型转换。

(1)波的反射和折射。由物理学可知,当波在界面上产生反射时,入射角 α 的正弦与反射角 α' 的正弦之比等于波速之比。当入射波和反射波的波型相同时,波速相等,入射角 α 即等于反射角 α',如图 5-38。当波在界面外产生折射时,入射角 α 的正弦与折射角 β 的正弦之比,等于入射波在第一介质中的波速 c_1 与折射波在第二介质中的波速 c_2 之比,即

$$\frac{\sin \alpha}{\sin \beta}=\frac{c_1}{c_2} \tag{5-67}$$

(2)超声波的波型及其转换。当声源在介质中的施力方向与波在介质中的传播方向不同时,声波的波型也有所不同。质点振动方向与传播方向一致的波称为纵波,它能在固体、液体和气体中传播。质点振动方向垂直于传播方向的波称为横波,它只能在固体中传播。质点振动介于纵波和横波之间,沿着表面传播,振幅随着深度的增加而迅速衰减的波称为表面波,它只在固体的表面传播。超声波的波型,根据声源对介质质点的施力方向与波的传播方向之间的关系,列于表 5-3。

表 5-3　超声波的波型、施力方向与波的传播方向之间的关系

波　型	传播特点	传播介质	检测中的应用
纵波	施力方向与传播方向平行	固体、液体、气体	测量、探伤
横波	施力方向与传播方向垂直	固体、高黏滞液体	测量、探伤
表面波	介质质点振动的轨迹为椭圆,长轴与传播方向垂直,短轴与之平行	固体表面	表面探伤
兰姆波	薄板两表面质点位移的轨迹为椭圆	薄板(几个波长厚)	测厚度及晶粒结构、探伤

当声波以某一角度入射到第二介质(固体)的界面上时,除有纵波的反射、折射以外,还会发生横波的反射和折射,如图 5-38所示。在一定条件下,其还能产生表面波。各种波型均符合几何光学中的反射定律,即

$$\frac{c_L}{\sin \alpha}=\frac{c_{L1}}{\sin \alpha_1}=\frac{c_{S1}}{\sin \alpha_2}=\frac{c_{L2}}{\sin \gamma}=\frac{c_{S2}}{\sin \beta} \tag{5-68}$$

式中,α 为入射角;α_1,α_2 为纵波与横波的反射角;γ,β 为纵波与横波的折射角;c_L,c_{L1},c_{L2} 为入射介质、反射介质与折射介质内的纵波速度;c_{S1},c_{S2} 为反射介质与折射介质内的横波速度。

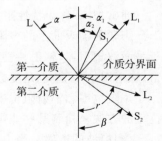

L—入射波　　L₁—反射纵波
L₂—折射纵波　S₁—反射横波
图 5-38　波型转换

波型在不同介质中的计算公式见表 5-4。

表 5-4　波型与介质

波　型	气　体	液　体	固　体
纵波 C_L/ $(\text{m}\cdot\text{s}^{-1})$	$\sqrt{\dfrac{K}{\rho}}=\sqrt{\dfrac{\gamma P_0}{\rho}}=\sqrt{\dfrac{\gamma RT}{M}}$	$\sqrt{\dfrac{K}{\rho}}=\sqrt{\dfrac{1}{\rho\beta}}$	$\sqrt{\dfrac{E}{\rho}}$(棒)　$\sqrt{\dfrac{E}{\rho(1-\sigma)}}$(薄板) $\sqrt{\dfrac{K+\dfrac{4}{3}G}{\rho}}$(无限介质)
横波(切变波)C_S/ $(\text{m}\cdot\text{s}^{-1})$	0	$\sqrt{\dfrac{2\omega\eta}{\rho}}$ (纯黏性液体) $\sqrt{\rho\left(\dfrac{1}{G}+\dfrac{1}{j\omega\eta}\right)}$ (非纯黏性液体)	$\sqrt{\dfrac{G}{\rho}}$(无限介质)
表面波 G_R/ $(\text{m}\cdot\text{s}^{-1})$	0	0	$\dfrac{0.87+1.12\sigma}{1+\sigma}\sqrt{\dfrac{E}{\rho}\dfrac{1}{2(1+\sigma)}}$

注：表中符号的意义，K 为体积弹性系数$(\text{kg}\cdot\text{m}^{-2})$；$E$ 为杨氏模量$(\text{kg}\cdot\text{m}^{-2})$；$G$ 为剪切模量$(\text{kg}\cdot\text{m}^{-2})$；$\gamma$ 为热容比；σ 为泊松比；ρ 为密度$(\text{kg}\cdot\text{m}^{-3})$；$P_0$ 为静压力$(\text{kg}\cdot\text{m}^{-2})$；$T$ 为绝对温度(K)；R 为理想气体普适常数$(\text{J}\cdot\text{K}^{-1}\cdot\text{mol}^{-1})$；$M$ 为气体的分子量(千克分子)；β 为绝热压缩系数$(\text{m}^{-2}\cdot\text{kg}^{-1})$；$\omega$ 为角频率(s^{-1})；η 为动力黏滞系数(Pa)。

（3）声阻抗。声阻抗是用以表示声波在介质中传播时受到的阻滞作用的参数。声速截面上单位面积上的声阻抗称为声阻抗率，即为

$$Z_s=pv \tag{5-69}$$

式中，Z_s 为声阻抗率$(\text{kg}\cdot\text{m}^2\cdot\text{s}^{-1})$；$p$ 为声压$(\text{kg}\cdot\text{m}^{-2})$；$v$ 为介质质点的振动速度$(\text{m}\cdot\text{s}^{-1})$。

一般情况下，p 与 v 相位不同，故 Z_s 一般为复数量。对于无衰减的平面波，Z_s 是实数，即

$$Z_s=\rho c \tag{5-70}$$

式中，ρ 为介质密度$(\text{kg}\cdot\text{m}^3)$；$c$ 为声速$(\text{m}\cdot\text{s}^{-1})$。

通常把 ρc 称为特性阻抗，不同材料的声速和特性阻抗不同。

声辐射器表面上的声阻抗称为辐射阻抗。单位面积上的辐射阻抗称为辐射阻抗率。对于平面波辐射器，辐射特性阻抗为 ρc 的无限介质辐射平面波，则其辐射阻抗率 $Z_R=\rho c$。通常，辐射阻抗率 Z_R 也是复数。

声阻抗率和辐射阻抗率与介质特性有关。利用这一关系，可用测定声阻抗率及辐射阻抗率的方法来检测某些非声学量。

（4）声波的透射。当声波入射到两种密度、声阻(即不同特性阻抗)的介质分界面上时，入射波和透射波在幅值和强度也将按一定比例分配。入射波、反射波及透射波的声压和声强在数量上的关系，用表 5-5 所列的系数表示。当两种介质的特性阻抗相差甚远，即当

$Z_{s1} \gg Z_{s2}$ 时，透射系数 $\tau = 0$，而反透射系数 ρ 趋于 -1。

表 5-5　声反射、透射系数

系　　数	符　　号	定　　义	垂直入射时的关系
声压反射系数	ρ_p	$\dfrac{\text{反射波声压}}{\text{入射波声压}}$	$\dfrac{z_{s2} - z_{s1}}{z_{s2} + z_{s1}}$
声压透射系数	τ_p	$\dfrac{\text{透射波声压}}{\text{入射波声压}}$	$\dfrac{2z_{s2}}{z_{s2} + z_{s1}}$
声强反射系数	ρ_t	$\dfrac{\text{反射波声强}}{\text{入射波声强}}$	$\left(\dfrac{z_{s2} - z_{s1}}{z_{s2} + z_{s1}}\right)^2$
声强透射系数	τ_t	$\dfrac{\text{透射波声强}}{\text{入射波声强}}$	$\dfrac{4z_{s1} z_{s2}}{(z_{s2} + z_{s1})^2}$

（5）声波的衰减。声波在介质中传播时，随着传播距离的增加，能量逐渐衰减，其衰减的程度与声波的扩散、散射、吸收等因素有关。

在平面波的情况下，距离声源 x 处的声压 p 和声强 I 的衰减规律如下：

$$p = p_0 \mathrm{e}^{-\alpha x} \tag{5-71}$$

$$\alpha = \frac{1}{x_2 - x_1} 20 \lg \frac{p(x_1)}{p(x_2)} \tag{5-72}$$

式中，p_0 为距声源 $x = 0$ 处的声压；α 为衰减系数[dB/cm（分贝/厘米）]。

例如，水和其他低衰减材料的 α 为 $(1 \sim 4) \times 10^{-2}$ dB/cm。

在自然界中，超声是广泛存在的，人们所听到的声音，只是实际声音中的一部分，即可听声部分，而实际声音还带有超声成分，只是人们听不到。例如，固体材料中的点阵振动，日常活动中两个金属片的相撞，管道上小孔的漏气，其中都有超声成分。自然界中，许多动物的喊叫含有超声，如老鼠、海豚、河豚等。能发出超声的动物中，最出名的是蝙蝠。蝙蝠能迅速识别弱超声回波，具有在阴暗洞穴中飞行的奇特本领和捕捉食物的本领。

历史上研究超声的动力，不仅在于大自然中超声的普遍存在性（存在于频率下限附近，也存在于客观上限附近），还在于对自然现象的发现和阐明，更重要的是人们发现，超声有广泛的可用性，从而主动地大量产生和利用超声。

产生、检测和传播是声学各分支的共同内容，对超声学而言，这些共性中还有它的个性。我们先来谈谈超声的产生和检测。比较起来，自然赋予的产生和检测超声的手段还是很有限的，特别是因为超声的范围很宽，以频率论，从 2×10^4 Hz 或更低的频率覆盖到 10^{12} Hz；以功率论，由于应用需要，有时要求声强达到每平方米几百、几千瓦；以工作介质论，既要在气体内，也要在液体、固体内发射和接收超声；以工作环境论，有时会遇上一些比较极端的条件，如 1 000 ℃多的高温，不到 1 K 的低温，低、高压等。因此，在超声学中，产生和检测超声的工作是很复杂的。

和声学的其他分支相比，超声学至少有两个比较突出的情况，其一它更多地和固体打交道；其二它的频率高。超声学愈来愈多地需要分析在多种固体中传播的声波，固体包括各向异性材料、压电材料、磁性材料、半导体、岩体、生物组织等。超声的高频率带来传播中的一些比较特殊的问题,如高衰减、多次散射等。更突出的是,对甚高频率的超声,从传播角度考虑,介质已不再能够看作是连续的,而应看作是离散的。超声本身则呈现准粒子性。

按照习惯的提法,超声在国防和国民经济中的用途可分为两大类,一类是利用它的能量来改变材料的某些状态。为此,需要产生相当大或比较大能量的超声,实际上是大功率超声或简称功率超声。超声用途的第二类是利用它来采集信息,特别是材料内部的信息。这时,超声的一个特点是,它几乎能穿透任何材料。对某些其他辐射能量不能穿透的材料,超声便显示出这方面的可用性。例如,第一次世界大战中科学家考虑用超声来侦察潜艇,便是因为熟知的光波、电磁波都不能渗透海洋。后来又兴起超声探伤、超声诊断等,也都是因为金属、人体等都是不透光介质。超声与 X 射线、γ 射线对比,其穿透本领并不优越,甚至还较差,而超声仍在临床使用,是因为超声对人体的伤害较小。这是超声应用的另一特点。

为什么在上述两大类型应用中要使用超声,而不使用更普通的可听声?从穿透材料的本领看,高频声劣于低频声;频率愈高,声波在传播中的衰减一般愈大,也就是穿透材料愈浅。尽管如此,人们还是选用了超声。其中一个原因是人耳听不到超声。功率超声较常使用稍高于 20 kHz 的低频超声,在这样的场合,把声频降到稍低于 20 kHz,从其他方面看差别不大,但一般仍然采用超声,目的便是为了避免人耳受扰。

另外,因为很多功率超声装置采用谐振设计,而低频可听声的波长长,相应的装置要加长,以 1 kHz 的声和 20 kHz 的声两种情况相对比,可能要长 20 倍。

在第二类型的超声应用中,频率高、波长短,则同样大小声源所产生的超声,其方向性强。强方向性对于采集信息是重要的,便于判断所得信息的方位。波长短,声波遇到挡声或部分挡声的异物时会发生散射,包括衍射,散射效应随波长的增大而减弱,从而可推断障碍物的存在。如果提高声波的频率,使声波的波长对障碍物的尺寸是可比的或更小,那便可能获得微小异物的声学像,这就是我们要采集的信息。在光学里,分辨两点光源的可辨宽度,按照牛顿判据,是和两点之间的距离对波长之比成正比的。在声学里,有同样的规律。

2. 超声波探头

超声波探头是实现声、电转换的装置,又称超声换能器或传感器。这种装置能发射超声波和接收超声回波,并转换成相应的电信号。超声波探头按其作用原理可分为压电式、磁致伸缩式、电磁式等数种,其中以压电式为最常用。图 5-39 所示为压电式探头结构图,其核心部分为压电晶片,利用压电效应实现声、电转换。

超声波在传播过程中,其波束是以某一扩散角从声源辐射出去的,如图 5-40 所示的半扩散角 θ 越小,其指向特性越好,它与声源的直径 D、波长 λ 有关,即

$$\theta = \sin^{-1}(1.22\lambda/D) \tag{5-73}$$

由式(5-73)可见,在声源直径一定时,频率越高(波长越短),指向特性越好。超声波能定向传播,是其应用于检测的基础。图 5-40 中在 L_D 区内有若干副瓣波束 A,它会对主芯波束形成干扰,希望它越小越好。

铁磁物质在交变磁场中,会沿着磁场方向产生伸缩的现象,叫作磁致伸缩。磁致伸缩效应的大小,即伸长缩短的程度,不同的铁磁物质情况不同。镍的磁致伸缩效应最大,它在一

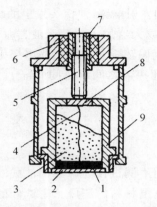

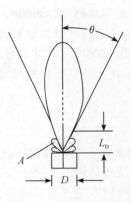

1—压电片　2—保护膜　3—吸收块　4—接线　5—导线　　图 5-40　超声波束的指向性
螺杆　6—绝缘柱　7—接触座　8—接线片　9—压电片座

图 5-39　压电式探头结构

切磁场中都是缩短的。磁致伸缩换能器是把铁磁材料置于交变磁场中,使它产生机械尺寸的交替变化,即机械振动,从而产生出超声波,如图 5-41 所示。磁致伸缩换能器是用厚度为 0.1~0.4 mm 的镍片叠加而成的,片间绝缘以减少涡流电流损失。

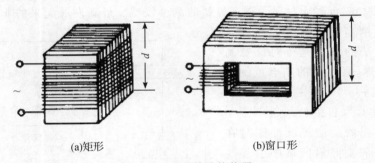

(a)矩形　　　　　　　　　　　(b)窗口形

图 5-41　磁致伸缩换能器

3．超声波检测技术的应用

(1)超声波检测厚度。超声波检测厚度的方法有共振法、干涉法、脉冲回波法等。图 5-42所示为脉冲回波法检测厚度的工作原理。

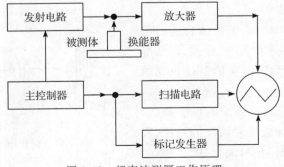

图 5-42　超声波测厚工作原理

超声波探头与被测物体表面接触,主控制器控制发射电路,使探头发出的超声波到达被测物体底面反射回来,该脉冲信号又被探头接收,经放大器放大加到示波器垂直偏转板上。标记发生器输出时间标记脉冲信号,同时加到该垂直偏转板上。而扫描电压则加在水平偏转板上。因此,在示波器上可直接读出发射与接收超声波之间的时间间隔 t。被测物体的厚度 h 为

$$h = \frac{ct}{2} \tag{5-74}$$

式中,c 为超声波的传播速度。

超声测厚使用的声波类型主要是纵波,大多数超声测试仪为脉冲回波式。目前工业上尚需解决的特殊问题主要有薄试件、非均匀材料及高温材料的测厚。薄试件的超声测厚以往多采用共振方法。图 5-42 所示系统也用来测量共振频率。随着现代电子器件的高速发展,只需将超声信号送入微机,就可以在微机上实现共振谱分析,各种现代谱分析技术为高精度测厚提供了有效的手段。实验证明,谱估计的 AR 模型方法非常适合超声共振法测薄试件的厚度,得到的精度达微米数量级。

非均匀材料声衰减大,散射剧烈,使得常规超声测厚方法无法实现。现在人们从两方面入手,以期圆满解决此问题,一是制作聚焦的高能量超声波发射换能器,增强声波的穿透能力;二是用相关及分离谱技术突出反映厚度特征的超声信号。采取这些措施后,已使超声技术扩展到复合材料、混凝土材料及陶瓷材料的测厚领域。最新发展起来的非接触激光超声技术省去了检测高温材料时的声耦合问题。这种方法的优点是可对任意高温度的试件测厚,且测厚的动态范围优于常规超声方法。

图 5-43 所示为非接触式超声测厚系统。脉冲激光器的激光脉冲瞬时在被测对象的局部被照射区域中引起高温和强电磁场,产生应力脉冲,从而产生超声波传播。在被测对象表面的超声振动带动了周围空气介质的振动,这个振动被空气耦合超声传感器接收。

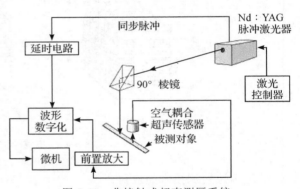

图 5-43　非接触式超声测厚系统

空气耦合超声传感器是在压电陶瓷上贴附了一层或多层满足过渡声阻抗要求的薄膜。这些薄膜提高了能量耦合效率。

(2)超声波无损检测。为了探测物体内部的结构与缺陷,人们发明了 A 型、B 型、C 型等超声仪。图 5-44 所示为压电换能器接收到的超声回波电压信号波形。

A 型超声仪主要利用超声波的反射特性,在荧光屏上以纵坐标代表反射回波的幅度,以横坐标代表反射回波的传播时间,如图 5-45(b)所示。根据缺陷反射波的幅度和时间,确定缺

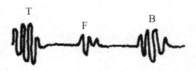

T—换能器接触面反射波　F—内部缺陷反射波
B—被测物地面反射波
图 5-44　超声回波电压信号波形

陷的大小和存在的位置。B 型超声仪以反射回波作为辉度调节信号,用亮点显示接收信号,在荧光屏上,纵坐标代表声波的传播时间,如图 5-45(c)所示,横坐标代表探头水平位置,反映缺陷的水平延伸情况,整个显示的是声束所扫剖面的介质特性。C 型超声仪,声束被聚焦到材料内部一定深度,通过电路延时控制,接收来自这个深度的介质的反射信号。反射的强弱用辉度来反映,换能器进行二维扫描,就可得同一深度处介质的一个剖面图[见图 5-45(d)]。目前所使用的探头材料绝大多数为压电陶瓷。

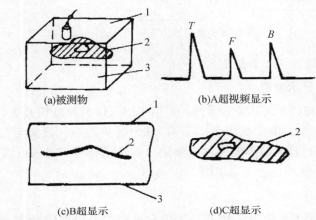

(a)被测物　　　　　　　　　(b)A超视频显示

(c)B超显示　　　　　　　　(d)C超显示

1—被测物上表面(top)　2—被测物底面(bottom)　3—内部缺陷(flaw)

图 5-45　3 种超声测试仪的图形显示

5.5　技能训练

设计一个超声波测距器,可以应用于汽车倒车、建筑施工工地以及一些工业现场的位置监控,也可用于如液位、井深、管道长度的测量等场合。要求测量范围在 0.10～3.00 m,测量精度 1 cm,测量时与被测物体无直接接触,能够清晰稳定地显示测量结果。

5.5.1　设计方案

由于超声波指向性强,能量消耗慢,在介质中传播的距离较远,因而超声波经常用于距离的测量。利用超声波检测距离,设计比较方便,计算处理也比较简单,并且在测量精度方面也能达到使用的要求。

超声波发生器可以分为两大类:一类是使用电气方式产生超声波,另一类是使用机械方式产生超声波。电气方式包括电压型、电动型等,机械方式有加尔统笛、液哨、气流旋笛等。它们所产生的超声波的频率、功率和声波各不相同,因而用途也各不相同。目前在近距离测量方面较为常用的是压电式超声波换能器。

根据设计要求并综合各方面因素,本例决定采用 STC89C52 单片机作为主控器,用液晶屏显示,超声波驱动信号用单片机的定时器完成。超声波测距器系统设计框图如图 5-46所示。

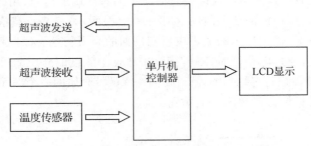

图 5-46 超声波测距器系统设计

硬件电路主要分为以下 3 个部分。

1. 单片机系统及显示电路

单片机采用 STC89C52 或其兼容系列。采用 12 MHz 高精度的晶振,以获得较稳定的时钟频率,减小测量误差。单片机用 P3.7 端口输出超声波转化器所需的 40 kHz 方波信号,利用外中断 INT0 口检测超声波接收电路输出的返回信号。显示电路采用液晶显示屏 LCD12864。单片机系统及显示电路如图 5-47 所示。

2. 超声波发射电路

超声波发射电路原理图如图 5-48 所示。发射电路主要由反向器 SN74HC04N 和超声波换能器组成,单片机 P3.7 端口输出的 40 kHz 方波信号经多级反向器后一路送到超声波换能器的一个电极,另一路送到超声波换能器的另一个电极,两级信号电平值相反,用这种推挽形式将方波信号加到超声波换能器两端可以提高超声波的发射速度。输出端采用两个反向器并联,用以提高驱动能力。两个上拉电阻一方面可以提高反向器 74LS04 输出高电平的驱动能力,另一方面可以增加超声波换能器的阻尼效果,以缩短其自由振荡的时间。

3. 超声波检测接收电路

超声波检测接收电路如图 5-49 所示,参考红外转化接收电路采用集成电路 CX20106A,这是一款红外线检波接收的专用芯片,常用于电视机红外遥控接收器。考虑到红外遥控常用的载波频率 38 kHz 与测距超声波频率 40 kHz 较为接近,可以利用它作为超声波检测电路。实验证明其具有很高的灵敏度和较强的抗干扰能力。适当改变 C_4 的大小,可改变接收电路的灵敏度和抗干扰能力。

5.5.2 实施步骤

(1)检查拿到的电子元器件的数量与性能参数,对电路板进行布局设计,焊接电路板。其中超声波发射和接收采用 Φ15 mm 的超声波换能器 TCT40-10F1(T 发射)和 TCT40-10S1(R 接收),中心频率为 40 kHz,安装时注意调节两换能器之间的距离。

(2)焊接完成后,检查电路的焊接质量及电路的准确性。

(3)编写程序。

(4)经检查无误没有短路点后,烧写程序进行测试与调试。

(5)撰写实验报告。

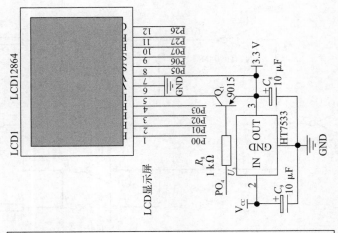

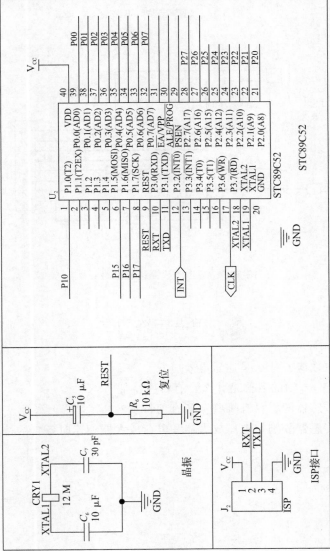

图5-47　单片机系统及显示电路

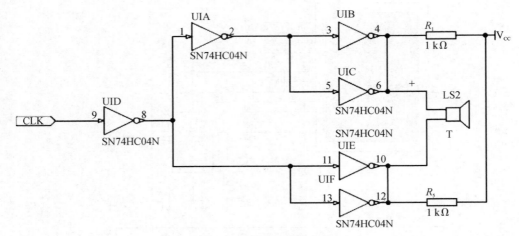

图 5-48 超声波发射电路

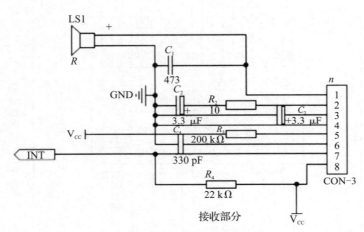

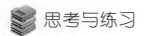

接收部分

图 5-49 超声波检测接收电路

思考与练习

1. 什么是正压电效应？什么是逆压电效应？
2. 石英晶体 X，Y，Z 轴的名称是什么？有哪些特征？
3. 常用压电式传感器的材料有哪些？各有何特点？
4. 简述压电式传感器分别与电压放大器和电荷放大器相连时各自的特点。

第6章 光电传感器
——智能循迹小车的设计与制作

6.1 光电效应

6.1.1 外光电效应

当光线照射在某些物体上时,使物体内的电子逸出物体表面的现象称为外光电效应,也称为光电发射,逸出的电子称为光电子。基于外光电效应的光电器件有光电管和光电倍增管。

光子能量:

$$E = hn \tag{6-1}$$

式中,h 为普朗克常数,$h = 6.626 \times 10^{-34}$ J·s;n 为光的频率(s^{-1})。爱因斯坦光电方程:

$$hn = mv_0^2/2 + A_0 \tag{6-2}$$

式中,m 为电子质量;v_0 为逸出电子的初速度;A_0 为物体的逸出功(或物体表面束缚能)。

基本规律:红限频率 ν_0(又称光谱域值)为刚好从物体表面打出光电子的入射光波频率,随物体表面束缚能的不同而不同,与之对应的光波波长 λ_0(红限波长)为

$$\lambda_0 = hc/A_0 \tag{6-3}$$

式中,h 为普朗克常数;c 为光速;A_0 为物体的逸出功。

当入射光频谱成分不变时,产生的光电子(或光电流)与光强成正比。逸出光电子具有初始动能 $E_k = mv_0^2/2$,故外光电器件即使没有加阳极电压,也会产生光电流。为了使光电流为零,必须加截止电压。

6.1.2 内光电效应

当光线照射在某些物体上的,使物体的电阻率发生变化,或产生光生电动势的现象称为内光电效应。内光电效应又分为光电导效应和光生伏特效应。

1. 光电导效应

在光线作用下,材料内的电子吸收光子能量从键合状态过渡到自由状态,而引起材料电阻率变化的现象称为光电导效应。基于光电导效应的光电器件有光敏电阻。

入射光能导出光电导效应的临界波长 λ_0 为

$$\lambda_0 = hc/E_g \tag{6-4}$$

式中, h 为普朗克常数; c 为光速; E_g 为半导体材料禁带宽度。

2. 光生伏特效应

在光线作用下,能使物体产生一定方向电动势的现象称为光生伏特效应。基于光生伏特效应的光电器件有光电池和光敏晶体管。

(1)势垒效应(结光电效应)。接触的半导体和 PN 结中,当光线照射其接触区域时,若光子能量大于其禁带宽度 E_g ,则价带电子跃迁到导带,产生电子-空穴对,由于阻挡层内电场的作用,形成光电动势的现象称为结光电效应。

(2)侧向光电效应。当半导体光电器件受光照不均匀时,由于载流子(光照产生的电子-空穴对)浓度梯度的存在,因此会产生侧向光电效应,光照强的部分带正电,光照弱的部分带负电。

6.2 光电器件

6.2.1 光电管

1. 光电管的结构和工作原理

(1)结构。真空(或充气)玻璃泡内装两个电极:光电阴极和阳极,阳极加正电位,如图6-1 所示。

(2)工作原理。当光电阴极受到适当波长的光线照射时发射光电子,在中央带正电的阳极吸引下,光电子在光电管内形成电子流,在外电路中便产生光电流 I 。

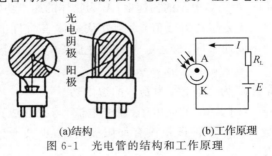

(a)结构　　　　　　　　　(b)工作原理

图 6-1　光电管的结构和工作原理

2. 光电管的特性

(1)伏安特性。当入射光的频谱和光通量一定时,阳极电压与阳极电流之间的关系称为伏安特性,如图 6-2(a)和(b)所示。

(2)光电特性。当光电管的阳极与阴极间所加电压和入射光谱一定时,阳极电流 I 与入射光在光电阴极上的光通量 Φ 之间的关系,如图 6-2(c)所示。

(3)光谱特性。同一光电管对不同频率的光的灵敏度不同,称为光电管的光谱特性。

锑铯(Cs$_3$Sb)材料阴极,红限波长 $\lambda_0 = 0.7~\mu m$,对可见光的灵敏度较高,转换效率可达 $20\% \sim 30\%$ 。

银-氧-铯光电阴极,构成红外探测器,其红限波长 $\lambda_0 = 1.2~\mu m$,在近红外区($0.75 \sim 0.80~\mu m$)

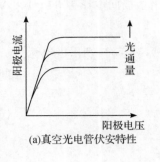

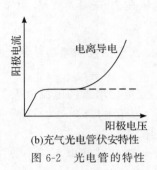

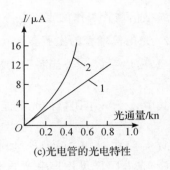

(a)真空光电管伏安特性　　(b)充气光电管伏安特性　　(c)光电管的光电特性

图 6-2　光电管的特性

的灵敏度有极大值,灵敏度较低,但对红外较敏感。

锑钾钠铯阴极光谱范围较宽(0.3～0.85 μm),灵敏度也较高,与人眼的光谱特性很接近,是一种新型光电阴极。

紫外光源常采用锑铯阴极和镁镉阴极。

光谱特性用量子效率表示。量子效率指对一定波长入射光的光子射到物体表面上,该表面所发射的光电子平均数,用百分数表示,它直接反映物体对这种波长的光的光电效应的灵敏度。

6.2.2　光电倍增管

1. 光电倍增管的结构和工作原理

(1)结构。光电倍增管由光电阴极、若干倍增极和阳极组成,如图 6-3 所示。

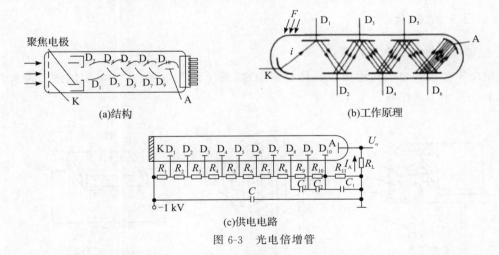

图 6-3　光电倍增管

(2)工作原理。光电倍增管工作时,各倍增极(D_1,D_2,D_3,…)和阳极均加上电压,并依次升高,阴极 K 电位最低,阳极 A 电位最高。入射光照射在阴极上,打出光电子,经倍增极加速后,在各倍增极上打出更多的“二次电子”。如果一个电子在一个倍增极上一次能打出 σ 个二次电子,那么一个光电子经 n 个倍增极后,最后在阳极会收集到 σ^n 个电子而在外电路形成电流。一般 $\sigma=3\sim6$,n 为 10 左右,所以,光电倍增管的放大倍数很高。

光电倍增管工作的直流电源电压在 700～3 000 V,相邻倍增极间电压为 50～100 V。

2. 光电倍增管的主要参数

(1)倍增系数 M。当各倍增极二次电子发射系数 $\sigma_i = \sigma$ 时,$M = \sigma^n$,则阳极电流为

$$I = i\sigma^n \tag{6-5}$$

式中,i 为光电阴极的光电流。光电倍增管的电流放大倍数 β 为

$$\beta = I/i = \sigma^n \tag{6-6}$$

M 一般在 $10^5 \sim 10^8$,与所加电压有关。

(2)光电阴极灵敏度和光电倍增管总灵敏度。一个光子在阴极上能够打出的平均电子数称为光电阴极的灵敏度。而一个光子在阳极上产生的平均电子数称为光电倍增管的总灵敏度。灵敏度曲线如图 6-4 所示。

注意,光电倍增管的灵敏度很高,切忌强光源照射。

(3)暗电流和本底脉冲。在无光照射(暗室)情况下,光电倍增管加上工作电压后形成的电流称为暗电流。

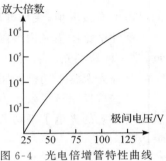

图 6-4 光电倍增管特性曲线

在光电倍增管阴极前面放一块闪烁体,便构成闪烁计数器。当闪烁体受到人眼看不见的宇宙射线照射后,光电倍增管就有电流信号输出,这种电流称为闪烁计数器的暗电流,一般称为本底脉冲。

(4)光电倍增管的光谱特性。光电倍增管的光谱特性与同材料阴极的光电管的光谱特性相似。

6.2.3 光敏电阻

1. 光敏电阻的结构和工作原理

光敏电阻由梳状电极和均质半导体材料制成,基于内光电效应,其电阻值随光照而变化。图 6-5 示出了其结构及工作原理。

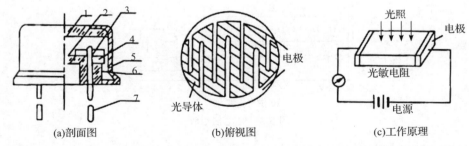

(a)剖面图　　　　　　　(b)俯视图　　　　　　　(c)工作原理

1—玻璃　2—光电导层　3—电极　4—绝缘衬底　5—金属壳　6—黑色绝缘玻璃　7—引线
图 6-5 CdS(硫化镉)光敏电阻结构和工作原理

光敏电阻是纯电阻器件,具有很高的光电灵敏度,常作为光电控制用。

2. 光敏电阻的主要特性参数

(1)暗电阻、亮电阻和光电流。

1）暗电阻：光敏电阻在室温条件下、无光照时具有的电阻值，称为暗电阻（＞1 MΩ），此时流过的电流称为暗电流。

2）亮电阻：光敏电阻在一定光照下所具有的电阻，称为在该光照下的亮电阻（＜1 kΩ），此时流过的电流称为亮电流。

3）光电流：光电流＝亮电流－暗电流。

（2）伏安特性。在一定光照度下，光敏电阻两端所加的电压与其光电流之间的关系，称为伏安特性。图 6-6 所示是 CdS 光敏电阻的伏安特性曲线。它是线性电阻，服从欧姆定律，但不同照度下具有不同的斜率。注意光敏电阻的功耗，使用时应保持适当的工作电压和工作电流。

（3）光照特性。在一定的偏压下，光敏电阻的光电流与照射光强之间的关系，称为光敏电阻的光照特性。图 6-7 示出了 CdS 光敏电阻的光照特性曲线，呈非线性，故其不宜作为测量元件，一般在自动控制系统中作为开关式光电信号传感元件。

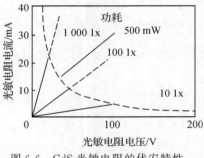

图 6-6　CdS 光敏电阻的伏安特性

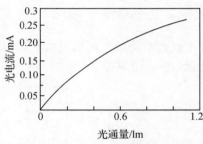

图 6-7　CdS 光敏电阻的光照特性

（4）光谱特性。光谱特性表征光敏电阻对不同波长的光其灵敏度不同的性质。光敏电阻的光谱特性如图 6-8 所示。

（5）响应时间和频率特性。光敏电阻在照射光强变化时，由于光电导的弛豫现象，其相应电阻的变化在时间上有一定的滞后，通常用响应时间表示。响应时间又分为上升时间 t_1 和下降时间 t_2，如图 6-9 所示。

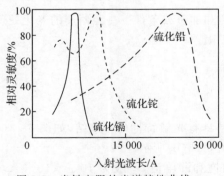

图 6-8　光敏电阻的光谱特性曲线

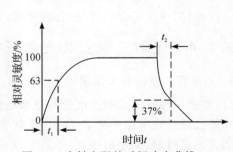

图 6-9　光敏电阻的时间响应曲线

光敏电阻上升和下降时间的长短，表示其对动态光信号响应的快慢，即频率特性，如图 6-10 所示。光敏电阻的频率特性不仅与元件的材料有关，而且还与光照的强弱有关。

（6）温度特性。在光照一定的条件下，光敏电阻的阻值随温度的升高而下降，即温度特性，用温度系数 α 来表示，如图 6-11 所示。

$$\alpha = \frac{R_2 - R_1}{(T_2 - T_1)R_2} \times 100\%$$ (6-7)

式中，R_1 为在一定光照下，温度为 T_1 时的阻值；R_2 为在一定光照下，温度为 T_2 时的阻值。

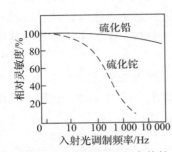

图 6-10　光敏电阻的频率特性

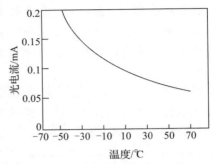

图 6-11　CdS 光敏电阻的温度特性曲线（光照一定）

温度不仅影响光敏电阻的灵敏度，而且还影响其光谱特性，温度升高，光谱特性向短波方向移动，如图 6-12 所示。

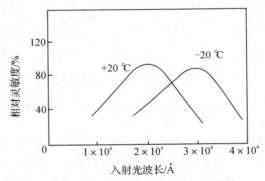

图 6-12　PbS 光敏电阻的光谱温度特性

（7）稳定性。光敏电阻在制作时，经加温、光照和加负载条件下一至两周的老化处理后，其稳定性很好，使用寿命相当长，合理使用，几乎无限。

6.2.4　光敏二极管和光敏三极管

1. 光敏管的结构和工作原理

（1）光敏二极管。光敏二极管的基本结构就是具有光敏特性的 PN 结，如图 6-13(a)所示。光敏二极管在电路中处于反向工作状态，如图 6-13(b)所示。

当无光照时，反向电阻很大，电路中仅有反向饱和漏电流，一般为 $10^{-8} \sim 10^{-9}$ A，称为暗电流，相当于光敏二极管截止；当有光照射在 PN 结上时，由于内光电效应，产生光生电子-空穴对，使少数载流子浓度大大增加，因此，通过 PN 结的反向电流也随之增加，形成光电流，相当于光敏二极管导通；入射光照度变化，光电流也变化。可见，光敏二极管具有光电转换功能，故又称为光电二极管。

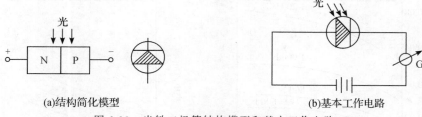

(a)结构简化模型　　　　　　　　(b)基本工作电路

图 6-13　光敏二极管结构模型和基本工作电路

（2）光敏三极管。光敏三极管与光敏二极管的结构相似，内部具有两个 PN 结，通常只有两个引出电极。光敏三极管在电路中与普通三极管接法相同，管基极开路，集电结反偏，发射结正偏，如图 6-14 所示。

当无光照时，管集电结因反偏，集电极与基极间有反向饱和电流 I_{cbo}，该电流流入发射结放大，使集电极与发射极之间有穿透电流 $I_{ceo}=(1+\beta)I_{cbo}$，此即光敏三极管的暗电流。当有光照射光敏三极管集电结附近基区时，产生光生电子-空穴对，使其集电结反向饱和电流大大增加，此即为光敏三极管集电结的光电流；该电流流入发射结进行放大成为集电极与发射极间电流，即为光敏三极管的光电流，它将光敏二极管的光电流放大 $(1+\beta)$ 倍，所以它比光敏二极管具有更高的光电转换灵敏度。

由于光敏三极管中对光敏感的部分是光敏二极管，所以，它们的特性基本相同，只是反应程度即灵敏度差 $(1+\beta)$ 倍。

2. 光敏管（光敏二极管和光敏三极管）的基本特性

（1）光谱特性。光敏管在恒定电压作用和恒定光通量照射下，光电流（用相对值或相对灵敏度）与入射光波长的关系，称为光敏管的光谱特性，如图 6-15 所示。图中可见：Si 光敏管，光谱响应波段 400～1 300 nm，峰值响应波长约为 900 nm；Ge 光敏管，光谱响应波段 500～1 800 nm，峰值响应波长约为1 500 nm。

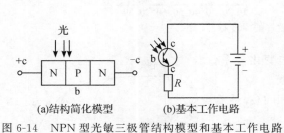

(a)结构简化模型　　　(b)基本工作电路

图 6-14　NPN 型光敏三极管结构模型和基本工作电路

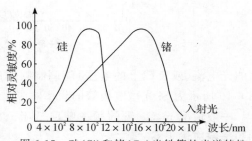

图 6-15　硅（Si）和锗（Ge）光敏管的光谱特性

（2）伏安特性。光敏管在一定光照下，其端电压与器件中电流的关系，称为光敏管的伏安特性。图 6-16 所示是 Si 光敏管在不同光照下的伏安特性。

（3）光照特性。在端电压一定条件下，光敏管的光电流与光照度的关系，称为光敏管的光照特性。Si 光敏管的光照特性如图 6-17 所示。

（4）温度特性。在端电压和光照度一定的条件下，光敏管的暗电流及光电流与温度的关系，称为光敏管的温度特性，如图 6-18 所示。

（5）频率响应。光敏管的频率响应是指具有一定频率的调制光照射光敏管时，光敏管输

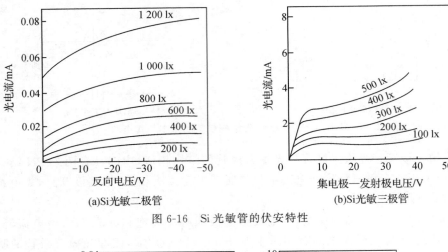

(a)Si光敏二极管　　　　　　　　(b)Si光敏三极管

图 6-16　Si 光敏管的伏安特性

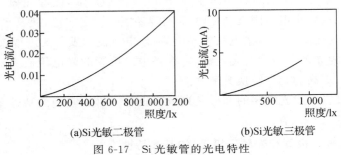

(a)Si光敏二极管　　　　　　　　(b)Si光敏三极管

图 6-17　Si 光敏管的光电特性

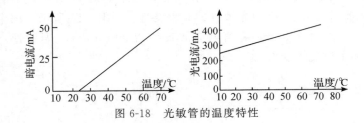

图 6-18　光敏管的温度特性

出的光电流(或负载上的电压)随调制频率的变化关系。图 6-19 所示为 Si 光敏三极管的频率响应曲线。

　　一般情况下,Ge 管的频率响应低于 5 000 Hz,Si 管的频率响应优于 Ge 管。

6.2.5　光电池

　　光电池是利用光生伏特效应将光能直接转变成电能的器件,它广泛用于将太阳能直接转变为电能,因此又称为太阳能电池。光电池的种类很多,应用最广的有 Si 光电池和硒(Se)光电池等。

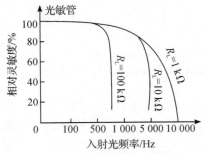

图 6-19　Si 光敏管的频率响应曲线

1. 光电池的结构和工作原理

光电池的结构如图 6-20 所示,它实质上是一个大面积的 PN 结。当光照射到 PN 结上时,便在 PN 结两端产生电动势(P 区为正,N 区为负)形成电源。

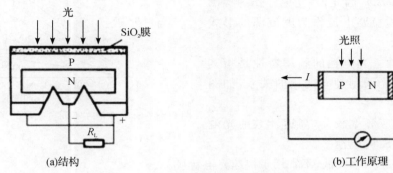

(a)结构　　　　　　　　　　　　　　　　(b)工作原理

图 6-20　Si 光电池

光电池机理:P 型半导体与 N 型半导体结合在一起时,由于载流子的扩散作用,在其交界处形成一过渡区,即 PN 结,并在 PN 结处形成一内建电场,电场方向由 N 区指向 P 区,阻止载流子的继续扩散。当光照射到 PN 结上时,在其附近激发电子-空穴对,在 PN 结电场作用下,N 区的光生空穴被拉向 P 区,P 区的光生电子被拉向 N 区,结果在 N 区聚集了电子,带负电;P 区聚集了空穴,带正电。这样 N 区和 P 区间出现了电位差,若用导线连接 PN 结两端,则电路中便有电流流过,电流方向由 P 区经外电路至 N 区;若将电路断开,便可测出光生电动势。

2. 光电池的基本特性

(1)光谱特性。光电池对不同波长的光,其光电转换灵敏度是不同的,即光谱特性,如图 6-21 所示。

1)Si 光电池:光谱响应范围 400～1 200 nm,光谱响应峰值波长在 800 nm 附近。

2)Se 光电池:光谱响应范围 380～750 nm,光谱响应峰值波长在 500 nm 附近。

(2)光照特性。光电池在不同照度下,其光电流和光生电动势是不同的。Si 光电池的开路电压和短路电流与光照度的关系曲线如图 6-22 所示。

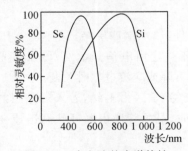

图 6-21　光电池的光谱特性

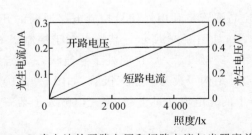

图 6-22　Si 光电池的开路电压和短路电流与光照度关系

开路电压与光照度关系是非线性的,而且在光照度为1 000 lx时出现饱和,故其不宜作为检测信号。

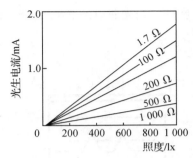

短路电流(负载电阻很小时的电流)与光照度关系在很大范围是线性的,负载电阻越小,线性度越好(见图6-23),因此,将光电池作为检测元件时,是利用其短路电流作为电流源的形式来使用的。

(3)频率特性。光电池的频率特性是指其输出电流随照射光调制频率变化的关系,如图6-24所示。

图 6-23　Si 光电池在不同负载下的光照特性

Si 光电池响应频率较高,高速计数的光电转换中一般采用 Si 光电池。

Se 光电池响应频率较低,不宜用于快速光电转换。

(4)温度特性。光电池的温度特性是指其开路电压和短路电流随温度变化的关系。

图 6-25 所示是 Si 光电池在 1 000 lx 照度下的温度特性曲线。由图可见:开路电压随温度升高下降很快,约 3 mV/℃;短路电流随温度升高而缓慢增加,约 2×10^{-6} A/℃。

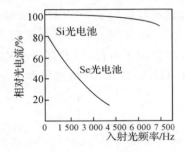

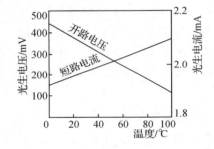

图 6-24　光电池的频率特性　　图 6-25　Si 光电池的温度率特性(照度 1 000 lx)

(5)稳定性。光电池的稳定性很好,使用寿命很长,但要防高温和强光照射,保存光电池时切忌短路。

6.2.6　光控晶闸管

光控晶闸管是利用光信号控制电路通断的开关元件,属三端四层结构,有 3 个 PN 结,即 J_1,J_2,J_3,如图 6-26 所示。其特点在于控制极 G 上不一定由电信号触发,可以由光照起触发作用。经触发后,A,K 间处于导通状态,直至电压下降或交流过零时关断。

该 4 层结构可视为两个三极管,如图 6-26(b)所示。光敏区为 J_2 结,若入射光照射在光敏区,产生的光电流通过 J_2 结,当光电流大于某一阈值时,晶闸管便由断开状态迅速变为导通状态。

考虑光敏区的作用,其等效电路如图 6-26(c)所示。当无光照时,光敏二极管 VD 无光电流,三极管 T_2 的基极电流仅是 T_1 的反向饱和电流,在正常外加电压下处于关断状态;一旦有光照射,光电流 I_P 将作为 T_2 的基极电流。如果 T_1,T_2 的放大倍数分别为 β_1,β_2,则 T_2

的集电极得到的电流是 $\beta_2 I_P$。此电流实际上又是 T_1 的基极电流，因而在 T_1 的集电极上又将产生一个 $\beta_1\beta_2 I_P$ 的电流，这一电流又成为 T_2 的基极电流。如此循环反复，产生强烈的正反馈，整个器件就变为导通状态。

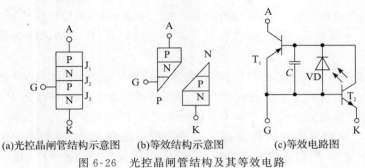

(a)光控晶闸管结构示意图　(b)等效结构示意图　(c)等效电路图

图 6-26　光控晶闸管结构及其等效电路

如果在 G，K 间接一电阻，必将分去一部分光敏二极管产生的光电流，这时要使晶闸管导通，就必须施加更强的光照。可见，用这种方法可以调整器件的光触发灵敏度。

光控晶闸管的伏安特性如图 6-27 所示。图中，E_0,E_1,E_2 代表依次增大的照度，曲线 $0\sim$ 1 段为高阻状态，表示器件未导通；$1\sim2$ 段表示由关断到导通的过渡状态；$2\sim3$ 为导通状态。

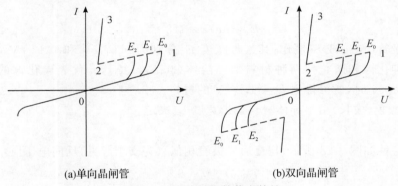

(a)单向晶闸管　　　　　　　　(b)双向晶闸管

图 6-27　光控晶闸管伏安特性

光控晶闸管作为光控无触点开关使用更方便，它与发光二极管配合可构成固态继电器，体积小、无火花、寿命长、动作快，并具有良好的电路隔离作用，在自动化领域得到广泛应用。

6.3　光源及光学元件

6.3.1　光源

1. 白炽灯

白炽灯是利用电能将灯丝加热至白炽而发光，其辐射的光谱是连续的，除可见光外，同时还辐射大量的红外线和少量的紫外线。

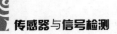

2. 发光二极管

发光二极管(light emitting diode,LED),指由半导体 PN 结构成,能将电能转换成光能的半导体器件。

(1)特点:工作电压低(1～3 V),工作电流小(小于 40 mA),响应快(一般为 10^{-6}～10^{-9} s),体积小,重量轻,坚固耐振,寿命长,比普通光源单色性好等,广泛用来作为微型光源和显示器件。

(2)发光机理:由于载流子的扩散作用,在半导体 PN 结处形成势垒,从而抑制空穴和电子的继续扩散。当 PN 结上加有正向电压时,势垒降低,电子由 N 区注入 P 区,空穴由 P 区注入 N 区,称为少数载流子注入。注入 P 区的电子与 P 区的空穴复合,注入 N 区的空穴与 N 区的电子复合,这种复合同时伴随着以光子的形式释放能量,因而在 PN 结处有发光现象。电子与空穴复合,所释放的光子能量 $h\nu$ 也就是 PN 结禁带宽度 E_g,即

$$E_g = h\nu = hc/\lambda \tag{6-8}$$

则

$$\lambda = hc/E_g \tag{6-9}$$

式中,h 为普朗克常数;c 为光速;λ 为波长。

若要辐射可见光(近似认为 $\lambda < 700$ nm),按式(6-8)计算,制作 LED 的材料,其禁带宽度应为

$$E_g \geqslant hc/\lambda = 1.8 \text{ eV}$$

普通二极管用 Ge 或 Si 制作,其禁带宽度 E_g 分别为 0.67 eV 和 1.12 eV,显然不能使用。通常用砷化镓和磷化镓两种材料的固溶体($GaAs_{1-x}P_x$,x 代表磷化镓的比例)制作 LED。当 $x > 0.4$ 时,便可得到 $E_g \geqslant 1.8$ eV 的材料。

LED 的颜色(波长)由半导体材料禁带宽度 E_g 决定。

(3)特性:

1)伏安特性如图 6-28 所示,与普通二极管相似。为安全起见,反向电压应小于 5 V。

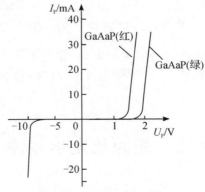

图 6-28　LED 的伏安特性

2)光谱特性如图 6-29 所示。

3)温度升高,LED 发光强度减小,且呈线性关系。

4)LED 的发光强度与观察角度有关。透明封装体前端若为平面,则出射光呈发散状,

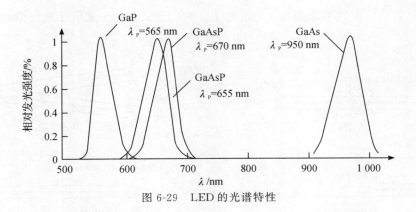

图 6-29　LED 的光谱特性

适合作为指示灯用；若前端有半球形透镜，则对光线有聚光作用，正前方发光强度最大，适合于光电耦合或对某个固定目标进行照射。

除以上两种光源外，还有气体放电灯、激光器等光源。

6.3.2　光学元件和光路

光电式传感器中必须采用一定的光学元件，并按照一些光学定律和原理构成各种各样的光路。常用的光学元件有各种反射镜、透镜等。

6.4　光电式传感器的应用

光电式传感器由光源、光学元件和光电元件组成，在设计应用中，要特别注意光电元件与光源的光谱特性相匹配。

6.4.1　模拟式光电传感器

模拟式光电传感器将被测量转换成连续变化的电信号，与被测量间呈单值对应关系。其主要有 4 种基本形式，如图 6-30 所示。

（1）吸收式。被测物体置于光路中，恒光源发出的光穿过被测物，部分被吸收后，透射光投射到光电元件上，如图 6-30（a）所示。透射光强度决定被测物对光的吸收大小，而吸收的光通量与被测物透明度有关，如用来测量液体、气体的透明度、浑浊度的光电比色计。

（2）反射式。恒光源发出的光投射到被测物上，再从被测物表面反射后投射到光电元件上，如图 6-30（b）所示。反射光通量取决于反射表面的性质、状态及其与光源间的距离，利用此原理可制成表面光洁度、粗糙度和位移测试仪等。

（3）遮光式。光源发出的光经被测物遮去其中一部分，使投射到光电元件上的光通量改变，其变化程度与被测物在光路中的位置有关，如图 6-30（c）所示。这种形式可用于测量物体的尺寸、位置、振动、位移等。

（4）辐射式。被测物本身就是光辐射源，所发射的光通量射向光电元件，如图 6-30（d）

所示,也可经过一定光路后作用到光电元件上。这种形式可用于光电比色高温计中。

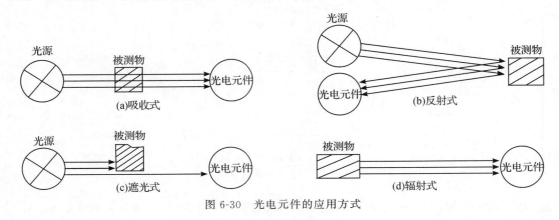

图 6-30　光电元件的应用方式

6.4.2　脉冲式光电传感器

脉冲式光电传感器的作用方式是光电元件的输出仅有两种稳定状态,即"通"和"断"的开关状态,称为光电元件的开关应用状态。这种形式的光电传感器主要用于光电式转速表、光电计数器、光电继电器等。

6.4.3　应用实例

1. 光电式带材跑偏仪

图 6-31 所示是光电式带材跑偏仪原理图,主要由边缘位置传感器、测量电路、放大器等组成。它是用于冷轧带钢生产过程中控制带钢运动途径的一种自动控制装置。

带材边缘位置检测选用遮光式光电传感器,如图 6-32 所示,光电三极管(3DU12)接在测量电桥的一个桥臂上,如图 6-33 所示。

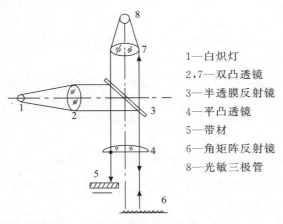

1—白炽灯
2,7—双凸透镜
3—半透膜反射镜
4—平凸透镜
5—带材
6—角矩阵反射镜
8—光敏三极管

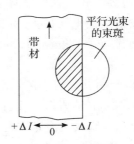

图 6-31　光电式边缘位置传感器原理　　　　图 6-32　带材跑偏引起光通量变化

采用角矩阵反射器能满足安装精度不高、工作环境有振动场合中使用,原理如图 6-34 所示。

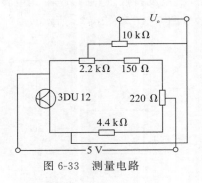

图 6-33　测量电路

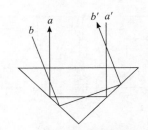

图 6-34　角矩阵反射器原理

2. 光电转速计

光电转速计主要有反射式和直射式两种基本类型,如图 6-35 所示。

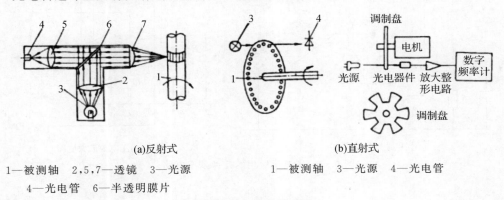

(a)反射式

(b)直射式

1—被测轴　2,5,7—透镜　3—光源　　　　1—被测轴　3—光源　4—光电管
4—光电管　6—半透明膜片

图 6-35　光电转速计

为了提高转速测量的分辨率,采用机械细分技术,使转动体每转动一周有多个(Z)反射光信号或透射光信号。

若直射式调制盘上的孔(或齿)数为 Z(或反射式转轴上的反射体数为 Z),测量电路计数时间为 T 秒,被测转速 n(r/min),则计数值为

$$N = nZT/60 \tag{6-10}$$

为了使计数值 N 能直接读出转速 n 值,一般取 $ZT = 60 \times 10^m (m = 0, 1, 2, \cdots)$。

光电脉冲转换电路如图 6-36 所示。

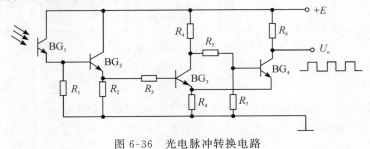

图 6-36　光电脉冲转换电路

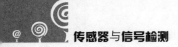

3. 光电池在光电检测和自动控制方面的应用

主要利用光电池的光电特性、光谱特性、频率特性、温度特性等,通过基本光电转换电路与其他电子线路组合,实现检测和自动控制的目的,如图 6-37 和图 6-38 所示。

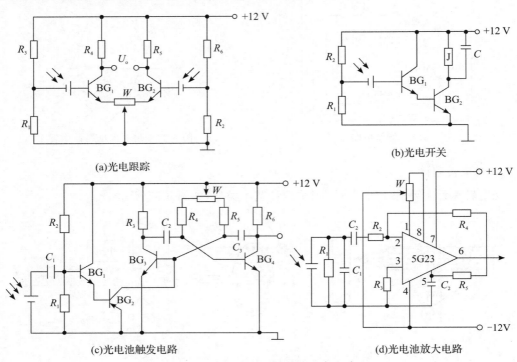

(a)光电跟踪

(b)光电开关

(c)光电池触发电路

(d)光电池放大电路

图 6-37　光电池应用的几种基本电路

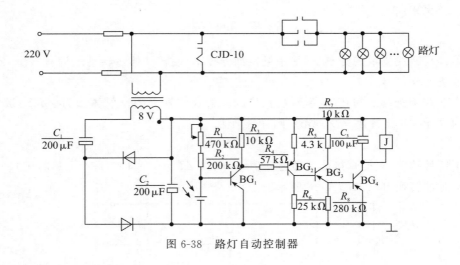

图 6-38　路灯自动控制器

4. 光电耦合器

将发光器件与光电元件集成在一起便构成光电耦合器,如图 6-39 所示。

目前常用的光电耦合器的发光元件多为发光二极管(LED),光敏元件以光敏二极管和

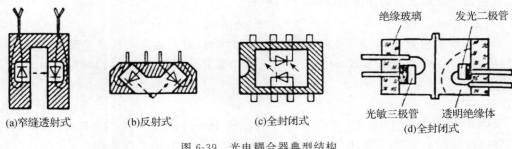

(a)窄缝透射式　　　(b)反射式　　　(c)全封闭式　　　(d)全封闭式

图 6-39　光电耦合器典型结构

光敏三极管为主,少数采用光敏达林顿管或光控晶闸管。发光元件和光敏元件之间具有相同的光谱特性,以保证其灵敏度最高;若要防止环境光干扰,透射式和反射式都可选用红外波段发光元件和光敏元件。

6.5　光纤传感器

　　光纤是 20 世纪后半叶的重要发明之一,它与激光器、半导体光电探测器一起形成了新的光学技术,即光电子学新领域。光纤的最初研究是为了通信。由于光纤具有许多新的特性,因此在其他领域也发展了许多新的应用,其中之一就是制成光纤传感器。

　　光纤传感器以其高灵敏度、抗电磁干扰、耐腐蚀、可挠曲、体积小、结构简单以及与光纤传输线路相容等独特优点,受到世界各国的广泛重视。现已证明,光纤传感器可应用于位移、振动、转动、压力、弯曲、应变、速度、加速度、电流、磁场、电压、湿度、温度、声场、流量、浓度、pH 值等物理量的测量,且具有十分广泛的应用潜力和发展前景。

6.5.1　光纤波导原理

　　光纤波导简称光纤,它指用光透射率高的电介质(如石英、玻璃、塑料等)形成的光通路,如图 6-40 所示。它由折射率(n_1)较大(光密介质)的纤芯,和折射率(n_2)较小(光疏介质)的包层构成的双层同心圆柱结构。

　　根据几何光学原理,当光线以较小的入射角 θ_1 由光密介质 1 射向光疏介质 2(即 $n_1 > n_2$)时(见图 6-41),一部分入射光将以折射角 θ_2 折射入介质 2,其余部分仍以 θ_1 反射回介质 1。

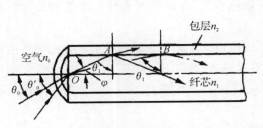

图 6-40　光纤的基本结构与波导

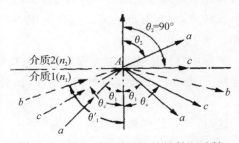

图 6-41　光在两介质面上的折射和反射

依据光折射和反射的斯涅尔(Snell)定律,有

$$n_1 \sin \theta_1 = n_2 \sin \theta_2 \tag{6-11}$$

当θ_1角逐渐增大,直至$\theta_1 = \theta_c$时,透射入介质2的折射光也逐渐折向界面,直至沿界面传播($\theta_2 = 90°$)。对应于$\theta_2 = 90°$时的入射角θ_1称为临界角θ_c。由式(6-11)可知

$$\sin \theta_c = \frac{n_2}{n_1} \tag{6-12}$$

由图6-40和图6-41可见,当$\theta_1 > \theta_c$时,光线将不再折射入介质2,而在介质(纤芯)内产生连续向前的全反射,直至由终端面射出。这就是光纤波导的工作基础。

同理,由图6-40和斯涅尔定律可导出光线由折射率为n_0的外界介质(空气$n_0 \approx 1$)射入纤芯时,实现全反射的临界角(始端最大入射角θ_c)满足

$$n_0 \sin \theta_c = \sqrt{n_1^2 - n_2^2} = NA \tag{6-13}$$

式中,NA为数值孔径,它是衡量光纤集光性能的主要参数。它表示无论光源发射功率有多大,只有$2\theta_c$张角内的光,才能被光纤接收、传播(全反射);NA愈大,光纤的集光能力愈强。产品光纤通常不给出折射率,而只给出NA,石英光纤的$NA = 0.2 \sim 0.4$。

按纤芯横截面上材料折射率分布的不同,光纤又可分为阶跃型和梯度型,如图6-42所示。阶跃型光纤纤芯的折射率不随半径而变,但在纤芯与包层界面处折射率有突变;梯度型光纤纤芯的折射率沿径向由中心向外呈抛物线由大渐小,至界面处与包层折射率一致,因此这类光纤有聚焦作用,光纤传播的轨迹近似于正弦波,如图6-43所示。

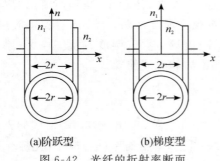

(a)阶跃型　　(b)梯度型

图6-42　光纤的折射率断面

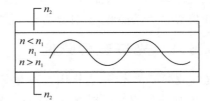

图6-43　光在梯度型光纤的传输

光纤传输的光波,可以分解为沿纵轴向传播和沿横切向传播的两种平面波成分,后者在纤芯和包层的界面上会产生全反射。当它在横切向往返一次的相位变化为2π的整数倍时,将形成驻波,形成驻波的光线组称为模,它是离散存在的,亦即某种光纤只能传输特定模式的光。

实际中常用麦克斯韦方程导出归一化频率。作为确定光纤传输模数的参数的值可由纤芯半径r、光波长λ及其材料折射率n(或数值孔径NA)确定,即

$$v = 2\pi r NA / \lambda \tag{6-14}$$

这时,光纤传输模的总数N为

$$N = v^2 / 2 \text{(阶跃型)} \quad \text{或} \quad N = v^2 / 4 \text{(梯度型)} \tag{6-15}$$

显然,v大的光纤传输的模数多,称为多模光纤。多模光纤的芯径($2r > 50 \ \mu m$)和折射

率差$[(n_1-n_2)/n_1=0.01]$都大,多用于非功能型光纤传感器。v 小的光纤传输的模数少。当芯径小到 6 μm,折射率差小到 0.5%(如折射率阶跃分布型光纤,若 $v>2.4$时),光纤只能传输基模(HE11 模),而其他高次模都会被截掉,故称为单模光纤,多用于功能型光纤传感器。

6.5.2 光纤的特性

信号通过光纤时的损耗和色散是光纤的主要特性。

1. 损耗

设光纤入射端与出射端的光功率分别为 P_i 和 P_o,光纤长度为 $L(km)$,则光纤的损耗 a (dB/km)可以用下式计算:

$$a=\frac{10}{L}\lg\frac{P_i}{P_o} \tag{6-16}$$

引起光纤损耗的因素可归结为吸收损耗和散射损耗两类。物质的吸收作用将使传输的光能变成热能,造成光功能的损失。光纤对不同波长光的吸收率不同,石英(SiO_2)光纤材料对光的吸收发生在波长为 0.6 μm 附近和 8~12 μm 范围;杂质离子铁(Fe^{2+})吸收峰波长为 1.1 μm,1.39 μm,0.95μm 和 0.72 μm。散射损耗是由于光纤的材料及其不均匀性或其几何尺寸的缺陷引起的,如瑞利散射就是由于材料的缺陷引起折射率随机性变化所致,瑞利散射按 l/λ^4 变化,因此它随波长的减小而急剧地增加。

光导纤维的弯曲也会造成散射损耗,这是由于光纤边界条件的变化,使光在光纤中无法进行全反射传输所致。弯曲半径越小,造成的损耗越大。

2. 色散

光纤的色散是表征光纤传输特性的一个重要参数,特别是在光纤通信中,它反映传输带宽,关系到通信信息的容量和品质。在某些应用场合,光纤传感有时也需要考虑信号传输的失真问题。

所谓光纤的色散就是输入脉冲在光纤传输过程中,由于光波的群速度不同而出现的脉冲展宽现象。光纤色散使传输的信号脉冲发生畸变,从而限制了光纤的传输带宽。光纤色散可分为以下几种:

(1)材料色散。材料的折射率随光波长的变化而变化,这种使光信号中各波长分量的光的群速度 c_g 不同而引起的色散,又称为折射率色散。

(2)波导色散。由于波导结构不同,某一波导模式的传播常数随着信号角频率 ω 的变化而引起的色散,有时也称为结构色散。

(3)多模色散。在多模光纤中,由于各个模式在同一角频率下的传播常数不同、群速度不同而产生的色散。

关于传播常数 β,简单解释如下。

光是电磁波,在折射率只与径向距离有关的简单情况下,由麦克斯韦方程导出的电场波动方程的解可以用以下形式表达:

$$E(\rho,\varphi,z,t)=E(\rho,\varphi)e^{-j(\omega-\beta z)} \tag{6-17}$$

式中,变量 t 是从基准时间 t_0 算起的时间;$E(\rho,\varphi)$ 是幅度因子,它与半径矢量和方位(角度)坐标 φ 有关;复指数表明,电场是时间和空间的正弦波,角频率 $\omega=2\pi f$(f 是光频率);β 是传播常数,$\beta=2n^2\pi/\lambda_0$(n 为折射率,λ_0 是频率为 f 的光在真空中的波长)。

采用单色光源(如激光器)可有效地减小材料色散的影响。多模色散是阶跃型多模光纤中脉冲展宽的主要根源。多模色散在梯度型光纤中大为减少,因为在这种光纤里,不同模式的传播时间几乎彼此相等。单模光纤中起主要作用的是材料色散和波导色散。

6.5.3 光纤传感器分类

光纤传感器是通过被测量对光纤内传输光进行调制,使传输光的强度(振幅)、相位、频率或偏振等特性发生变化,再通过对被调制过的光信号进行检测,从而得出相应被测量的传感器。

光纤传感器一般可分为两大类:一类是功能型传感器(function fibre optic sensor),又称 FF 型光纤传感器,另一类是非功能型传感器(non-function fibre optic sensor),又称 NF 型光纤传感器。前者是利用光纤本身的特性,把光纤作为敏感元件,所以又称传感型光纤传感器;后者是利用其他敏感元件感受被测量的变化,光纤仅作为光的传输介质,用以传输来自远处或难以接近场所的光信号,因此,也称传光型光纤传感器。表 6-1 列出了常用的光纤传感器分类及简要工作原理。

表 6-1 光纤传感器分类

被测物理量	测量方式	光的调制	光学现象	材　料	特性性能
电流磁场	FF	偏振	法拉第效应	石英系玻璃 铅系玻璃	电流 50～1 200 A (精度 0.24%) 磁场强度 0.8～4 800 A/m (精度 2%)
		相位	磁致伸缩效应	镍 68 铍镁合金	最小检测磁场强度 8×10^{-5} A/m^{-2}(1 Hz～10 kHz)
	NF	偏振	法拉第效应	YIG 系强磁体 FR-5 铅玻璃	磁场强度 0.08～160 A/m (精度 0.5%)
电压电场	FF	偏振	泡克耳斯效应	亚硝基苯胺	—
		相位	电致伸缩效应	陶瓷振子 压电元件	—
	NF	偏振	泡克耳斯效应	$LiNbO_3$,$LiTaO_3$, $Bi_{12}SiO_{20}$	电压 1～1 000 V 电场强度(0.1～1)kV/cm (精度 1%)

被测物理量	测量方式	光的调制	光学现象	材　料	特性性能
温度	FF	相位	干涉现象	石英系玻璃	温度变化量 17 条/(℃·m)
		光强	红外线透过	SiO_2,CaF_2,ZrF_2	温度 250～1 200 ℃ （精度 1%）
	FF	偏振	双折射变化	石英系玻璃	温度 30～1 200 ℃
	NF	断路	双金属片弯曲	双金属片	温度 10～50 ℃ （精度 0.5 ℃）
		断路	磁性变化	铁氧化	开(57 ℃)～关(53 ℃)
			水银的上升	水银	40 ℃时精度 0.5 ℃
		透射率	禁带宽度变化	GaAs,CdTe 半导体	温度 0～80 ℃
			透射率变化	石蜡	开(63 ℃)～关(52 ℃)
		光强	荧光辐射	$(Gd_{0.99}Eu_{0.01})_2O_2S$	－50～＋300 ℃ （精度 0.1 ℃）
速度	FF	相位	萨格纳克效应	石英系玻璃	角速度 $3×10^{-3}$ rad/s 以上
		频率	多普勒效应	石英系玻璃	流速 10^{-4}～10^3 m/s
	NF	断路	风标的旋转	旋转圆盘	风速 60 m/s
振动压力音响	FF	频率	多普勒效应	石英系玻璃	最小振幅 0.4 μm/(120 Hz)
		相位	干涉现象	石英系玻璃	压力 154 kPa·m/条纹
		光强	微小弯曲损失	薄膜＋膜条	压力 $0.9×10^{-2}$ Pa 以上
	NF	光强	散射损失		压力 0～40 kPa
		断路	双波长透射率变化	振子	振幅 0.05～500 μm （精度 1%）
		光强	反射角变化	薄膜	血压测量误差 $2.6×10^3$ Pa
射线	FF	光强	生成着色中心	石英系玻璃 铅系玻璃	辐照量 0.01～1 Mrad
图像	FF	光强	光纤束成像	石英系玻璃	长数米
			多波长传输	石英系玻璃	长数米
			非线性光学	非线性光学元件	长数米
			光的聚焦	多成分玻璃	长数米

6.6　图像传感器简介

机械量测量中有关形状和尺寸的信息以图像方式表达最为方便，目前较实用的图像传感器是用电荷耦合器件制成的，称为电荷耦合器件传感器（charge coupled device，CCD）。它分为一维的和两维的，前者用于位移、尺寸的检测，后者用于平面图形、文字的传递。CCD器件具有集成度高、分辨率高、固体化、低功耗、自扫描能力等一系列优点，已广泛应用于工业检测、电视摄像、高空摄像、人工智能等领域。

6.6.1　感光原理

图像是由像素组成行，由行组成帧。对于黑白图像来说，每个像素应根据光的强弱得到不同大小的电信号，并且在光照停止之后仍能把电信号的大小保持记忆，直到把信息传送出去，这样才能形成图像传感器。所以CCD图像传感器主要由光电转换和电荷读出（转移）两部分组成，光电转换的功能是把入射光转变成电荷，按像素组成电荷包存储在光敏元件之中，电荷的电量反映该像素元的光线的强弱，电荷是通过一段时间（一场）积累起来的。

CCD器件是利用MOS（金属-氧化物-半导体）电容形成的MOS电容光敏元实现像素的光电转换的。在P型Si衬底上通过氧化形成一层SiO_2，然后再淀积小面积的金属铝作为电极（称栅极），其结构虽是金属-氧化物-半导体，但没有扩散源极和漏极，如图6-44所示。P型Si内的多数载流子是空穴，少数载流子是电子。当金属电极上施加正电压（超过金属电极与衬底间的开启电压）时，其电场能够透过SiO_2绝缘层对这些载流子进行排斥或吸引，于是空穴被排斥到远离电极处，电子被吸引到紧靠SiO_2层的表面上来。由于没有源极向衬底提供空穴，在电极下形成一个P型耗尽

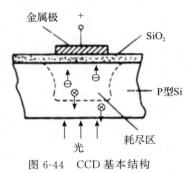

图6-44　CCD基本结构

区，这对带负电的电子而言是一个势能很低的区域——"陷阱"，电子一旦进入就不能复出，故又称为电子势阱。

当器件受到光照射（光可从各电极的缝隙间经过SiO_2层射入，或经衬底的薄P型Si射入），光子的能量被半导体吸收，由于内光电效应产生电子-空穴对，这时出现的电子被吸引存储在势阱中。光越强，势阱中收集的电子越多；光弱，则反之。这样就把光的强弱转变成电荷的数量多少，实现了光电转换；而势阱中的电子是被存储状态，即使停止光照，一定时间内也不会损失，这就实现了对光照的记忆。

总之，上述结构实质上是一个微小的MOS电容，用它构成像素，既可"感光"又可留下"潜影"。感光作用是靠光强产生的电子积累电荷，潜影是各个像素留在各个电容器里的电荷不等而形成的。若能设法把各个电容器里的电荷依次传送到他处，再组成行和帧，并经过"显影"，就可实现图像的传递。

6.6.2　转移原理

由于组成一帧图像的像素总数太多,因此只能用串行方式依次传送,在常规的摄像管里是靠电子束扫描的方式工作的,在 CCD 器件里也需要用扫描实现各像素信息的串行化。不过 CCD 器件并不需要复杂的扫描装置,只需外加如图 6-45(a)所示的多相脉冲转移电压依次对并列的各个电极施加电压就能实现。图中 φ_1,φ_2,φ_3 是相位依次相差 120°的 3 个脉冲源,其波形都是前沿陡峭后沿倾斜。若按时刻 $t_1 \sim t_5$ 分别分析其作用,可结合图 6-45(b)所示讨论其工作原理。在排成直线的一维 CCD 器件里,电极 1～9 分别接在三相脉冲源上,将电极 1～3 视为一个像素,在 φ_1 为正的 t_1 时刻里受到光照,于是电极 1 之下出现势阱,并收集到负电荷(电子)。同时,电极 4 和 7 之下也出现势阱,但因光强不同,所收集到的电荷不等。在时刻 t_2,电压 φ_1 已下降,然而 φ_2 电压最高,所以电极 2,5,8 下方的势阱最深,原先存储在电极 1,4,7 下方的电荷部分转移到 2,5,8 下方。到时刻 t_3,上述电荷已全部向右转移一步。如此类推,到时刻 t_5 已依次转移到电极 3,6,9 下方。二维 CCD 则有多行,在每一行的末端,设置有接收电荷并加以放大的器件,如图 6-46 所示,此器件所接收的顺序当然是先接收距离最近的右方像素,依次到来的是左方像素,直到整个一行的各像素都传送完。如果只是一维的,就可以再进行光照,重新传送新的信息;如果是二维的,就开始传送第二行,直至一帧图像信息传完,才可再进行光照。

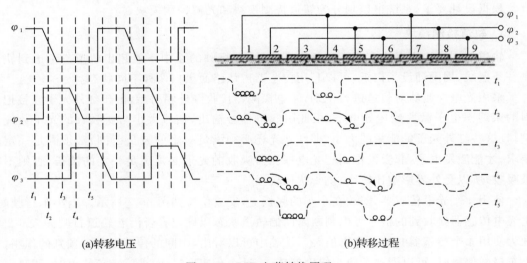

(a)转移电压　　　　　　　　　(b)转移过程

图 6-45　CCD 电荷转换原理

事实上,同一个 CCD 器件既可以按并行方式同时感光形成电荷潜影,又可以按串行方式依次转移电荷完成传送任务。但是,分时使用同一个 CCD 器件时,在转移电荷期间就不应再受光照,以免因多次感光破坏原有图像,这就必须用快门控制感光时刻。由于感光时不能转移,转移时不能感光,因此工作速度受到限制。现在通用的办法是把两个任务由两套 CCD 完

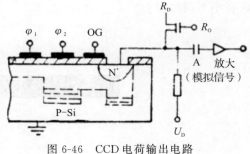

图 6-46　CCD 电荷输出电路

成,感光用的 CCD 有窗口,转移用的 CCD 是被遮蔽的,感光完成后把电荷并行转移(电注入)到专供传送的 CCD 里串行送出,这样就不必用快门了,而且感光时间可以加长,传送速度也更快。

由此可见,通常所说的扫描已在依次传送过程中体现,全部都由固态化的 CCD 器件完成。工业生产过程监视及检测用的图像有时不必要求灰度层次,只需对比强烈的黑白图形,这时应借助参比电压将 CCD 的输出信号二值化。检测外形轮廓和尺寸时常常如此。

目前市售的 CCD 器件,一维的有 512,1 024,2 048 位,每个单元的距离有 15 m,25.4 m,28 m 等,二维的有 256,320,512,340 乃至 2 304,1 728 像素等。

6.7 技能训练

任务要求:利用所学的光电传感器知识制作一个智能循迹小车,能够实现轨迹探测和光源探测的功能

6.7.1 设计方案

根据设计要求,系统可以划分为轨道检测模块和光源探测模块。

1. 轨道检测模块

轨道检测模块实现小车跟随黑色轨道行驶,在行驶的途中不能超出轨道。考虑到轨道是一条黑线,周围铺设了白纸,可以利用传感器辨认路面黑白两种不同状态。

采用光电探测器对轨道进行识别,光电探测器接收红外辐射后,由于红外光子直接把材料的束缚态电子激发成传导电子,由此引起电信号输出,信号大小与所吸收的光子数成比例,且这些红外光子的能量的大小(即红外光还必须满足一定的波长范围)必须满足一定的要求,才能激发电子,起激发作用。光电探测器吸收的光子必须满足一定的波长,否则不能被吸收,所以受外界影响比较小,抗干扰比较强。

使用 4 个光电传感器,安放在小车的底板上,安放位置如图 6-47 所示。当小车行驶时,由光电传感器接收到的信号可以判断路面的轨道状态以确定是否沿着轨道行驶。表 6-2 所列为使用 4 个传感器时的状态真值表。从表中可以看出,中间的传感器起到预判的作用,在小车轻微偏离时,可以调整车轮小幅度偏转;一旦小车速度过快,严重偏离轨道时,调整小车大幅度偏转,小车的稳定度和速度得到保证。因此在本设计中我们使用两个光电传感器,安放在小车的底板上。

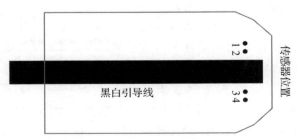

图 6-47 光电传感器安放位置

表 6-2　轨道检测模块光电传感器接收信号状态真值

状　态	传感器 1	传感器 2	传感器 3	传感器 4
正转	1	1	1	1
慢速右转	1	1	0	1
慢速左转	1	0	1	1
加速右转	1	1	0	0
加速左转	0	1	1	1
停止	1	1	1	1①

轨道检测模块电路如图 6-48 所示。

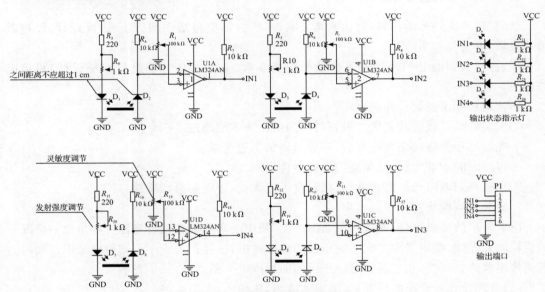

图 6-48　轨道检测模块电路

2. 光源探测模块

小车的光源探测模块根据探测车库的光源来实现进入停车区并到达车库,采用 3 个互成角度的光敏三极管传感器实现追踪光源的功能。为了准确辨向,在二极管感应平面的前端固定一根 2 cm 长的塑料筒。

单片机可根据这 3 个光敏三极管的状态,控制小车动作,寻找光源。小车的动作和传感器的对应关系见表 6-3。

表 6-3　光源探测模块传感器信号真值

状　态	光敏 A	光敏 B	光敏 C	光源与车的位置	小车动作
1	0	0	0	非常远	……
2	0	0	1	在车的右端	右转(幅度大)
3	0	1	0	正对车	直线行驶

续表

状　态	光敏 A	光敏 B	光敏 C	光源与车的位置	小车动作
4	0	1	1	在车的右端	右转(幅度小)
5	1	0	0	在车的左端	左转(幅度大)
6	1	0	1	……	……
7	1	1	0	在车的左端	左转(幅度小)
8	1	1	1	非常近	直线行驶

6.7.2　实施步骤

(1)根据本次任务的内容,写出实施方案,工作方案应包括详细分工、进度设计,经过教师检查后,方可开始实施。

(2)检查拿到的电子元器件的数量与性能参数,对电路板分别进行布局设计,焊接电路板。

1)轨道检测电路制作注意事项:

①安装红外二极管及光敏二极管时之间的距离不能超过 1 cm。

②光敏二极管应避免光线直射,必要时请加上避光罩。

③焊接时间不能太长,以免烧毁敏感器件。

④精密可调电阻请勿调到低,焊接温度不能太高,否则易损坏器件。

2)光源探测模块制作注意事项:

由于采用的是白炽灯,光线是射散的,为了便于小车能够在偏离光源一定角度的情况下仍能检测到光线,使用 3 个互成一定角度的传感器组,这样扩大了小车的检测范围。同时为提高传感器的方向性,在二极管感应平面的前端固定一根 2 cm 长的塑料筒。

(3)合理设计各模块的位置,要求安装适当,体积小,外形美观。

(4)电路焊接完成后,检查电路的焊接质量及电路的准确性,经检查无误没有短路点后,进行电路测试与调试。

(5)制作完成后,针对智能小车的各部分功能,撰写实验报告。

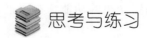 思考与练习

1. 简述光敏二极管的工作原理。

2. 智能小车是如何进行轨道循迹的?

第7章 霍尔式传感器

7.1 霍尔传感器的工作原理

7.1.1 霍尔效应

霍尔元件是一种半导体四端薄皮,如图 7-1 所示,1,1′端称为激励电流端,2,2′端称为霍尔电动势的输出端,其中 2,2′端一般应处于霍尔元件侧面的中点。

当把霍尔元件置于磁感应强度为 B 的磁场中时,磁场方向垂直于霍尔元件,当有电流 I 流过霍尔元件时,在垂直于电流和磁场的方向上将产生感应电动势 E_H,这种现象称为霍尔效应。其原理如图 7-2 所示。

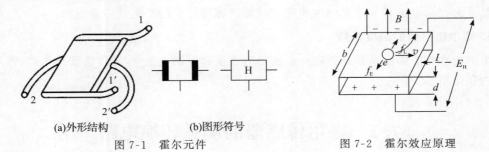

(a)外形结构　　　　　(b)图形符号

图 7-1　霍尔元件　　　　　　图 7-2　霍尔效应原理

流入霍尔元件激励电流端的输入电流 I 越大,作用在霍尔元件上的磁感应强度 B 就越强,霍尔电动势 E_H 也就越高。霍尔电动势 E_H 可用下式表示:

$$E_H = K_H I B \tag{7-1}$$

式中,I 为控制电流(A);B 为磁感应强度(T);K_H 为霍尔元件的灵敏度。

霍尔元件灵敏度的表达式为

$$K_H = \frac{R_H}{d} \tag{7-2}$$

式中,R_H 为霍尔常数;d 为霍尔元件的厚度(m)。

7.1.2 霍尔元件主要参数

1. 额定激励电流和最大允许激励电流

当霍尔元件自身的温度升高 10 ℃时,流过自身的激励电流称为额定激励电流,用符号

I_c表示。

由于霍尔电动势随激励电流增大而增大,故在应用中总希望选用较大的激励电流。但激励电流增大,霍尔元件的功耗也增大,元件的温度升高,从而引起霍尔电动势的温漂增大,因此每种型号的元件均规定了相应的最大激励电流I_M,它的数值从几毫安至十几毫安。

2. 输入电阻和输出电阻

输入电阻R_i是指霍尔元件两个激励电流端的电阻。输出电阻R_o是两个霍尔电动势输出端之间的电阻。

输入电阻和输出电阻的阻值从几十欧姆到几百欧姆。

3. 不等位电动势和不等位电阻

不等位电动势是指当霍尔元件在额定激励电流下,当外加磁场为零时,霍尔元件输出端之间的开路电压,用符号U_M表示,如图 7-3 所示。

产生这一现象的原因有:

(1)霍尔电极安装位置不对称或不在同一等电位面上。

(2)半导体材料不均匀造成了电阻率不均匀或是几何尺寸不均匀。

(3)激励电极接触不良造成激励电流不均匀分布等。

不等位电动势也可用不等位电阻表示。

4. 寄生直流电动势

当没有外加磁场,霍尔元件用交流控制电流时,霍尔电极的输出有一个寄生直流电动势,它主要是由控制电极和基片之间的非完全欧姆接触所产生的整流效应造成的。

5. 霍尔电动势的温度系数

霍尔电动势的温度系数是指在一定磁感应强度和控制电流下,温度每变化 1 ℃,霍尔电动势的变化率。

7.2 霍尔传感器的测量转换电路

7.2.1 霍尔传感器的基本电路

霍尔传感器的基本测量电路如图 7-4 所示。

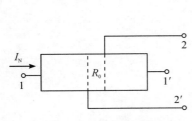

图 7-3 不等位电动势

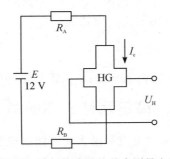

图 7-4 霍尔传感器的基本测量电路

通过霍尔传感器的额定激励电流为

$$I_c = E/(R_A + R_B + R_H) \tag{7-3}$$

霍尔传感器的偏置电路如图 7-5 所示。

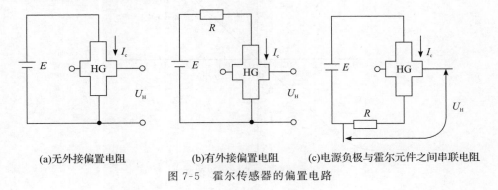

(a)无外接偏置电阻　　　(b)有外接偏置电阻　　　(c)电源负极与霍尔元件之间串联电阻

图 7-5　霍尔传感器的偏置电路

7.2.2　霍尔传感器的集成电路

霍尔传感器的集成电路具有体积较小、灵敏度高、输出幅度较大、温漂小、对电源的稳定性要求较低等优点,它可分为线性型霍尔传感器的集成电路和开关型霍尔传感器的集成电路。

1. 线性型霍尔传感器的集成电路

线性型霍尔传感器的集成电路的内部电路是将霍尔元件、恒流源、线性差动放大器制作在同一个芯片上,输出电压的单位为 V,比直接使用霍尔元件要方便很多。比较典型的线性型霍尔传感器有 UGN3501,如图 7-6 所示。

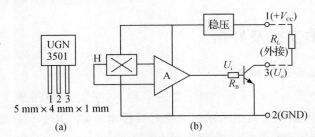

图 7-6　UG3501 线性型霍尔传感器的外形及其内部集成电路

图 7-7 所示为线性型霍尔传感器的特性图,示出了具有双端差动输出特性的线性型霍尔器件的输出特性曲线。当磁场为零时,它的输出电压等于零;当感受的磁场为正向(磁钢的 S 极对准霍尔器件的正面)时,输出为正;磁场反向时,输出为负。

2. 开关型霍尔传感器集成电路

开关型霍尔传感器的集成电路是将霍尔元件、稳压电路、放大器、施密特触发器、OC 门(集电极开路输出门)等电路制作在同一个芯片上。当外加磁场强度超过规定的工作点时,NPN 型 OC 门由高阻态(或高电平)变为导通状态,输出变为低电平;当外加磁场强度低于释放点时,OC 门重新变为高阻态,输出高电平。较典型的开关型霍尔器件如 UGN3020 等,如图 7-8 所示。其施密特触发电路的输出特性曲线如图 7-9 所示。

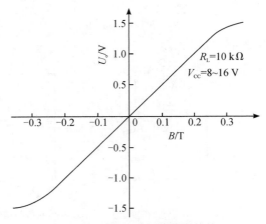

图 7-7　线性型霍尔传感器特性

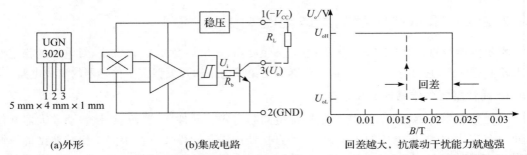

(a)外形　　　　　(b)集成电路

图 7-8　UGN3020 开关型霍尔传感器的外形及其集成电路　　图 7-9　施密特触发电路的输出特性曲线

7.2.3　基本误差及补偿

1. 不等位电动势误差的补偿

不等位电动势是霍尔元件误差中最主要的一种。它产生的原因是：

(1)制造工艺不可能保证两个霍尔电极绝对对称地焊接在霍尔元件的两侧,致使霍尔元件的两个电极点不能完全位于同一个等位面上。

(2)由半导体的电阻特性(等势面倾斜)所造成。

不等位电动势误差的补偿:可以把霍尔元件视为一个四臂电阻电桥,不等位电动势就相当于电桥的初始不平衡输出电压。

2. 不等位电动势误差的补偿电路

不等位电动势的补偿电路如图 7-10 所示。霍尔元件的温度特性是指它的内阻及输出电压(霍尔电动势)与温度之间的关系,如图 7-11 和图 7-12 所示。

3. 温度误差及补偿

温度误差产生的原因主要包括以下两种：

(1)由于霍尔元件是由半导体材料制成的,因此它对温度的变化非常敏感,其中,载流子的浓度、迁移率、电阻率等参数都是温度的函数。

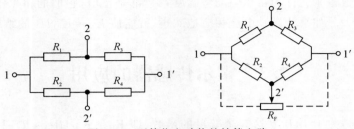

图 7-10　不等位电动势的补偿电路

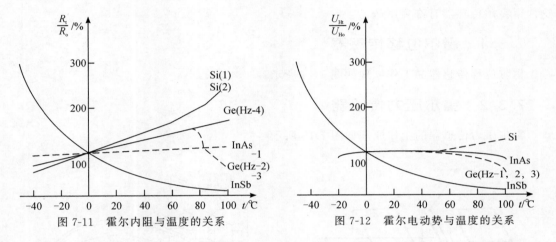

图 7-11　霍尔内阻与温度的关系　　　　图 7-12　霍尔电动势与温度的关系

（2）当温度发生变化时,霍尔元件的一些特性参数,如霍尔电动势、输入电阻、输出电阻等都会发生变化,从而使霍尔传感器产生温度误差。

减小霍尔元件的温度误差的方法有恒温措施补偿和恒流源温度补偿两种,其中恒温措施补偿又包括以下两种:①将霍尔元件放在恒温器中;②将霍尔元件放在恒温的空调房中。霍尔元件的灵敏度与温度的关系为

$$K_H = K_{Ho}(1 + \alpha \Delta t) \tag{7-4}$$

式中,K_{Ho} 为温度为 t_0 时霍尔元件的灵敏度;α 为霍尔电动势的温度系数;Δt 为温度的变化量(℃)。

图 7-13 所示为恒流源温度补偿电路。

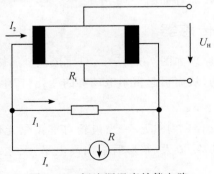

图 7-13　恒流源温度补偿电路

常见的大多数霍尔元件的霍尔电动势温度系数都是正值,它们的霍尔电动势将会随着温度的升高而增大。如果让激励电流相应地减小,就能使 $E_H = K_H IB$ 的结果保持不变。

7.3　霍尔传感器的应用

霍尔电动势是关于 I, B, θ 这 3 个变量的函数,即 $E_H = K_H IB \cos \theta$。利用这个关系可以使其中两个量不变,将第三个量作为变量,或者固定其中一个量,其余两个量都作为变量。这使得霍尔传感器有许多用途。

7.3.1　霍尔位移传感器

霍尔位移传感器的工作原理如图 7-14 所示。

7.3.2　霍尔压力传感器

霍尔压力传感器的工作原理如图 7-15 所示。

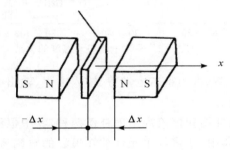

图 7-14　霍尔位移传感器的工作原理

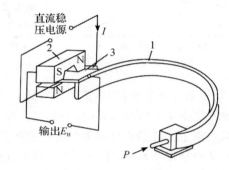

1—弹簧管　2—磁铁　3—霍尔压力传感器

图 7-15　霍尔压力传感器的工作原理

7.3.3　霍尔加速度传感器

霍尔加速度传感器的工作原理如图 7-16 所示。

7.3.4　霍尔转速传感器

霍尔转速传感器的工作原理如图 7-17 所示,只要黑色金属旋转体的表面存在缺口或突起,就可产生磁场强度的脉动,从而引起霍尔电动势的变化,产生转速信号。

1. 霍尔转速表的原理

霍尔转速表的工作原理如图 7-18 所示,当齿轮对准霍尔元件时,磁力线集中穿过霍尔元件,可产生较大的霍尔电动势,放大、整形后输出高电平;反之,当齿轮的空挡对准霍尔元件时,输出为低电平。

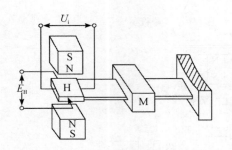

图 7-16　霍尔加速度传感器的工作原理

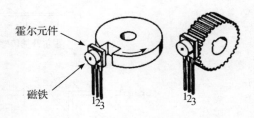

图 7-17　霍尔转速传感器的工作原理

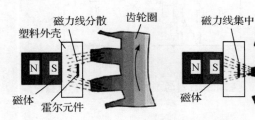

图 7-18　霍尔转速表的工作原理

2. 霍尔转速传感器在汽车刹车防抱死(anti-lock braking system, ABS)中的应用

若汽车在刹车时车轮被抱死,将产生危险。用霍尔转速传感器来检测车轮的转动状态有助于控制刹车力的大小,如图 7-19 所示。

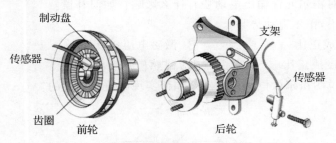

图 7-19　霍尔转速传感器在 ABS 中的应用

7.3.5　霍尔计数器

霍尔计数器的工作原理及其内部电路如图 7-20 所示。

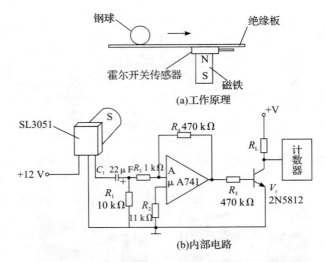

(a)工作原理

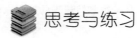

(b)内部电路

图 7-20　霍尔计数器的工作原理及其内部电路

思考与练习

1. 什么是霍尔效应？霍尔电动势与哪些因素有关？

2. 影响霍尔元件输出零点的因素有哪些？怎样补偿？

3. 温度变化对霍尔元件输出电动势有什么影响？如何补偿？

4. 霍尔效应中,霍尔电动势与(　　　)。

A. 激磁电流成正比　　　　　　　B. 激磁电流成反比

C. 磁感应强度成正比　　　　　　D. 磁感应强度成反比

5. 结合下图说明霍尔微位移传感器是如何实现微位移测量的？

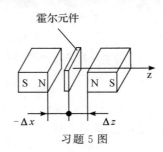

习题 5 图

6. 简述霍尔传感器的构成及霍尔传感器的可能应用场合。

7. 解释霍尔元件常制成薄片形状的原因(请给出必要的公式推导)。

第8章 传感器信号处理技术

8.1 信号调理电路

8.1.1 信号调理及低功耗的意义

1. 信号调理概述

(1)信号调理(signal conditioning)：为满足信号传输与处理的要求，通过控制信号来提高测量精度、实现隔离和进行滤波及线性化的过程。

(2)重要性：该部分是传感器满足实用性能要求的关键环节，也是实现接口标准化的环节。

(3)原因：传感器输出信号具有微弱、输出阻抗高等特点，在种类规格、信号强度等方面不能直接用于仪表显示、传输、数据处理和在线控制。

(4)目的：使输入信号完好地进入电子信息系统并完好地到达执行机构。

2. 低功耗的意义

①节约能源；②延长生命周期；③解决电磁兼容问题；④减小体积，减轻质量；⑤降低成本，提高可靠性。

8.1.2 常用信号调理电路功能类型

根据传感器输出的参量类型及其调理方式分类：①电阻型；②电容型；③电感型；④互感型；⑤电压型；⑥电流型；⑦电荷型；⑧脉冲型。

不同参量传感器的工作原理与信号调理作用见表 8-1。

表 8-1　不同参量传感器的工作原理与信号调理的作用

传感器类型	工作原理	信号调理电路的作用
电阻型	将被测量转换为电阻的变化	将电阻变化转换为易测量的电参数
电容型	将被测量转换为电容的变化	将电容量变化转换为易处理的电压、电流或频率信号
电感型	将被测量转换为电感的变化	将电感量变化转换为易处理的信号形式
互感型	将被测量转换为互感的变化	将互感或感应电动势的变化转换成电压或电流变化

续表

传感器类型	工作原理	信号调理电路的作用
电压(电动势)型	将被测量转换为电压或电动势的变化	将微弱的电动势或电压变化转换为较强的电压或电流变化
电流型	将被测量转换为电流的变化	对输出的微弱电流进行放大,将其变换成较强的电压或电流
电荷型	将被测量转换为电荷的变化	将电荷量转换成较强的电压或电流输出
脉冲(数字)型	将被测量转换为脉冲序列或数字信号	对脉冲序列计数并转换成所需信号形式;将编码信号输出转换成相应数字信号

8.1.3 调理电路低功耗设计原则

1. 常用的信号调理技术手段

①阻抗匹配;②信号放大;③传感器激励;④信号滤波;⑤信号隔离;⑥信号线性化;⑦信号变换;⑧功率驱动。

2. 4 种常见调理电路

(1)信号放大电路:经由传感器或敏感元件转换后输出的信号微弱,如 mV 级、μV 级甚至更弱,利用前需先放大。设计方案选择原则:优先考虑功耗低、集成度高的放大方案。常用放大器有仪用放大器、可编程增益放大器及隔离放大器。

典型放大器示例见表 8-2。

表 8-2 典型放大器示例

种 类		典型器件
仪用放大器		AD620,AD627,AD522,INA101 等
可编程增益放大器		AD526,LH0084,PGA102 等
隔离放大器	变压器隔离放大器	AD202,AD203,AD204,ISO212P 等
	光电隔离放大器	ISO100
	电容隔离放大器	ISO106,ISO122 等

常见隔离放大器特点比较:变压器隔离放大器相对其他种类的功耗大,光电隔离放大器不仅使用时不需外接任何器件,且功耗相对较低。因此,在信号的隔离放大电路设计中应尽量考虑选用光电隔离放大器。

(2)信号滤波电路。作用:从所测信号中去除或抑制不需要的杂散信号,使系统的信噪比提高。滤波器的主要类型有巴特沃斯(最大平直型)滤波器、切比雪夫(纹波型)滤波器及贝塞尔(线性相位型)滤波器。滤波方式有数字滤波和模拟滤波两种。数字滤波的优点:与模拟滤波方式相比,灵活性强、滤波效果好、不需额外的硬件电路;与其他器件相比,功耗相对低、参数调整容易。数字滤波的缺点:分辨率有限,动态范围小,响应慢。

选用原则:在满足滤波性能要求的前提下,尽可能选数字滤波方式;设计模拟滤波时,尽可能使用集成解决方案。

常见集成滤波器示例见表 8-3。

表 8-3　常见集成滤波器示例

常用集成滤波器	典型器件
低通电源开关滤波器	MAX7420,MAX7480,MAX7419,MAX7418
可配置开关电容滤波器	MAX260,MAX263
连续时间低通滤波器	LTC1563-2,LTC6605,LTC6604,LTC1563-3
连续时间可配置滤波器	MAX274,MAX275,LTC1562

(3)信号变换电路。例如采用电压/频率变换,以频率调制电压信号,以便电气隔离和数字化;用交/直流变换提取输入信号的交流参数等。

选用原则:优先考虑选用外围元器件少的集成器件的方案。

常见集成变换器类型见表 8-4。

表 8-4　常见集成变换器类型

常用集成变换器类型	典型器件
集成电压/频率变换器	AD537,AD650,AD652,VFC32K,VFC100A,LM331,RC4151
集成交流/直流变换器	AD536,AD636,AD637

表 8-4 中,AD652 相对 AD650 所需外围器件更少。

(4)信号线性化电路。信号的线性化可通过硬件电路或软件电路实现。

软硬件电路的优缺点:硬件线性化实现较困难,而且范围有限,功耗大;软件容易实现、功耗小但有延时。

选用原则:满足实时性要求前提下优先考虑软件线性化,不能采用软件线性化时,选用集成模拟运算器件实现。

低功耗设计遵循的基本原则:①采用低功耗器件;②采用宽电源输入器件;③采用高集成度专用器件;④优先考虑单一规格的电源;⑤自动休眠的工作方式;⑥采用"按需使用"的工作方式。

8.2　典型信号调理集成器件及应用

8.2.1　专用集成调理器件——典型示例

电容式传感器信号调理器 CS2001:德国 SENSE 公司生产,可用作电容性麦克风、湿敏电容等电容式传感器的接口。

性能特点:①能将传感器的电容转换成直流电压信号,再经二次仪表显示出被测量的大小;②输出电压与传感器的电容呈线性关系,具有低噪声、低漂移的优点;③增益和失调电压均可调整;④采用＋2.5 V 双电源或＋5 V 单电源供电,最大功耗 17 mW。

CS2001 工作原理(见图 8-1):其内部由加法器、放大器 A_1、低通滤波器、放大器 A_2、定时器等组成。C_1 与 C_2 为传感电容,CS2001 将两个电容的容量差与和之比转化为模拟电压,在 U_o 端输出电压 $U_o = -4U_1(C_1-C_2)/(C_1+C_2)$,其中 $U_1 = 0.5(U_{DD}-U_{SS})$。

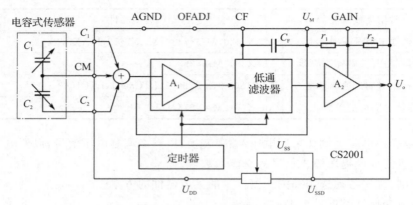

图 8-1   CS2001 内部电路

带宽调节:在充电补偿回路输出端 U_M 和带宽调节端 C_F 之间并联电容 C_F,设定滤波器带宽为

$$\Delta f_C = f_s/\{8.7\times[(37+C_F/C_0)-1]\} \tag{8-1}$$

式中,f_s 为内部环路的时钟频率。

偏置调整:在 U_{DD} 和 U_{SSD} 之间接一电位器,产生偏置电压调整输出端的失调电压。

增益调整:电荷补偿环未经缓冲的电压 $U_M = U_1(C_1-C_2)/(C_1+C_2)$。在 U_M,GAIN,U_o 各端之间分别并联 R_1 和 R_2,可改变增益。无 R_1,R_2 时,内部电阻 r_1 和 r_2 决定增益。

典型应用电路:图 8-2(a)所示为采用 2.5 V 双电源的接线图,图 8-2(b)所示为+5 V 单电源的接线图,C_3,C_4 为退耦电容。C_F 调带宽,R_p 调增益。输出电压从 U_o,AGND 端引出。

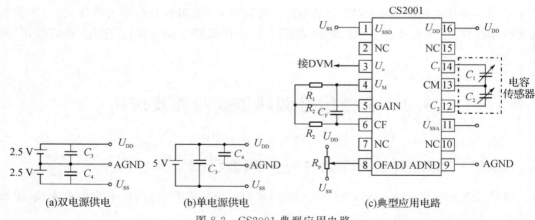

(a)双电源供电   (b)单电源供电   (c)典型应用电路

图 8-2   CS2001 典型应用电路

8.2.2   多功能集成调理器件

1. AD693 型多功能传感信号调理器

AD693 型多功能传感信号调理器可用作小信号 U/I 转换器及多种传感器的高精度信号调理。

(1)性能特点:①含 PGA,U/I 转换器和多路输出式基准电压源;②3 种输出电流形式,4~20 mA(单极性),0~20 mA(单极性),12 mA±8 mA(双极性);③输入电压范围和电流零点均可单独调节;④高精度,调零后的总转换误差小于±0.1%;⑤含备用放大器,可对由铂热电阻、热电偶及电阻应变片桥路的信号进行调理;⑥带 Pt100 型铂热电阻(PRTD)专设接口,测温误差±0.5 ℃;⑦利用外部电阻选配不同类型的热电偶并设定最高测温;⑧具有过电流保护和反向过电压保护功能;⑨通常由环路电源供电,特殊情况可由本地电源单独供电。

(2)主要结构:由 PGA(A_1)、U/I 转换器、基准电压及分压器、备用 A_2 等组成。

(3)工作原理:A_1 用于信号缓冲放大和输入范围设定,改变 P_1,P_2 接线方式可调 A_1 的增益,设置输入电压范围;U/I 转换器内设限流比较器,能将环路电流限制在±25 mA 以下;+6.200 V 电压基准源为 U/I 转换器提供偏置电压,用来调输出电流零点。电压基准源还可用作外部传感器的激励。A_2 是专为扩展 AD693(见图 8-3)的功能而设的辅助放大器,对传感信号进行 U/I 转换或 T/I 转换,把被测量(电压、温度等)转换成 4~20 mA 电流信号,便于远距离传输。

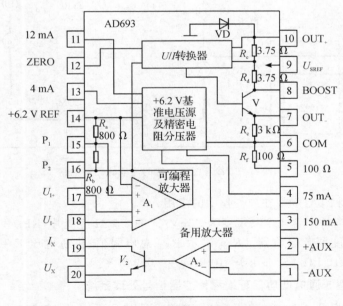

图 8-3   AD693 的引脚排列及内部电路

(4)典型应用 1:铂热电阻信号调理器。Pt100 在 0 ℃ 的电阻值为 100 Ω,单位温度下的电阻变化率为 0.003 85 Ω/℃,AD693 能将 0~104 ℃ 内的温度转换成 4~20 mA 的电流,完成 T/I 转换。图 8-4 中所示 Pt100 为三线接法。

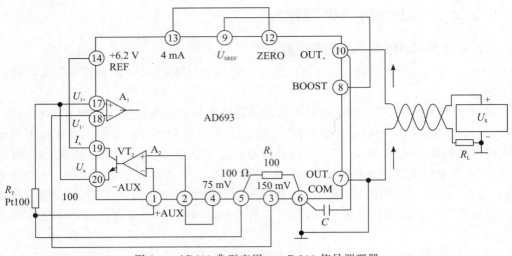

图 8-4 AD693 典型应用——Pt100 信号调理器

（5）典型应用 2：带冷端温度补偿的热电偶测温电路，如图 8-5 所示。

特点：①可适配各种类型的热电偶；②可用 AD592 进行冷端温度补偿；③将热力学温度转成摄氏温度再转成标准电流信号；④能灵活设定测温范围。

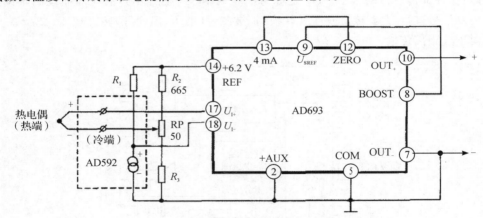

图 8-5 带冷端温度补偿的热电偶测温电路

（6）典型应用 3：AD693 在应变仪中的应用。

图 8-6 所示电桥中含 4 个灵敏度为 2 mV/V 的 350 Ω 应变片，RP_1 和 RP_2 分别为零点调节电位器和满度调节电位器。R_{RP_1} 表示 RP_1 总电阻值，供桥电压 $E = U_{REF} R_{RP_1}/(R_3 + R_4) = +6.2 \text{ V} \times 10 \text{ k}\Omega/(52.3 \text{ k}\Omega + 10 \text{ k}\Omega) = +0.995 \text{ V}$。

2. AD7714 型 5 通道低功耗可编程传感器信号处理系统

ADI 公司推出的 AD7714 广泛用于智能化压力检测系统、便携式工业仪表、便携式称重仪及电流环系统。

（1）性能特点：①采用电荷平衡式 A/D 转换实现 24 bit 无误码的高性能，非线性失真度仅 0.001 5%；②内有 8 个寄存器，能构成 3 通道差分输入或 5 通道单端输入的检测系统；③具有 3 线串行接口，能与 SPI，QSPI，MICROWIRET 总线以及 DSP 接口兼容；④有多种

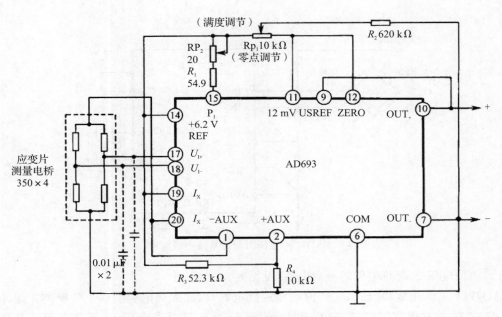

图 8-6 AD693 在应变仪中的应用

校准功能,通过自校准可消除零刻度误差、满刻度误差、系统失调以及温漂;⑤低噪声,噪声电压有效值小于 150 nV;⑥+3 V 或+5 V 单电源供电。

(2)系统组成:如图 8-7 所示。

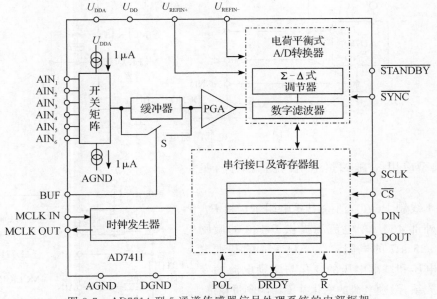

图 8-7 AD7714 型 5 通道传感器信号处理系统的内部框架

(3)典型应用 1:压力测量系统。

BP01 为 Sensym 公司的压力传感器。将 BP01 接成桥式电路,从 OUT$_+$,OUT$_-$端输出差分电压,激励电压经过 24 kΩ 和 15 kΩ 电阻分压后,为 AD7714 提供 1.92 V 的基准电压,如图

8-8 所示。

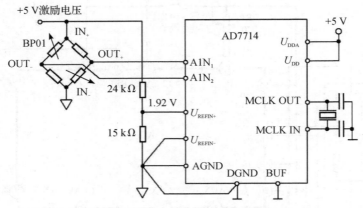

图 8-8　AD7714 在压力测量系统中的应用

(4)典型应用 2：配热电偶的测温电路(见图 8-9)。

AD7714 工作在缓冲模式，允许前端接退耦电容，以滤除热电偶引线上的噪声。缓冲模式下 AD7714 的共模范围较窄，AIN_2 端被偏置到 $+2.5\ V$ 基准电压上，使热电偶的差分电压处于合适共模电压范围。

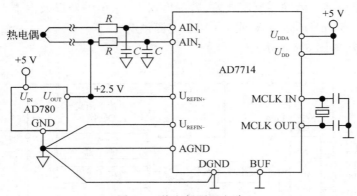

图 8-9　热电偶测温电路

(5)典型应用 3：配铂热电阻的测温电路(见图 8-10)。

采用 4 线制 Pt100，消除引线电阻 R_{L2} 和 R_{L3} 的压降。外部 $400\ \mu A$ 电流源提供 Pt100 的激励电流，经 $6.25\ k\Omega$ 的电阻产生 AD7714 的基准电压。输入电压和基准电压的变化与激励电流的变化呈比例关系，激励电流的变化并不影响测量精度，但为了避免基准电压受温度变化的影响，$6.25\ k\Omega$ 的电阻应采用低温度系数的金属膜电阻。

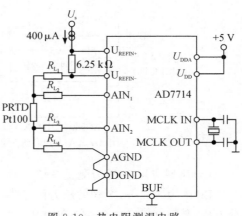

图 8-10　热电阻测温电路

思考与练习

1. 什么是信号的调制与解调？
2. 为什么要进行信号放大？
3. 简述 A/D,D/A 转换器的工作过程。
4. 简述数字量、模拟量的非线性校正过程。
5. 干扰和噪音有什么区别？
6. 常见的干扰都有哪些类型？
7. 常用的抑制干扰的方法是什么？

第 9 章　低功耗传感器技术

9.1　低功耗电源管理技术

9.1.1　电源管理技术

电流管理技术指按时间顺序对电子系统的电流和电压进行控制的技术。

9.1.2　电源管理的目的

电源管理的目的是在不影响性能的基础上将电源有效分配给系统不同组件,尽可能避免不必要的电能浪费。

9.1.3　电源管理实现方案

1. 硬件方案和软件方案

(1)硬件方案:①将电源管理策略直接实施到芯片电路中,典型的有处理器电源管理功能;②将电源管理策略写入固件驱动中,如 BIOS。

(2)软件方案:静态电源管理和动态电源管理。

1)静态电源管理。定义:将设备的工作模式和运行状态都设为已知的固定工作模式,并假设之后的运用过程将不再出现变化。优缺点:控制过程相对简单,稳定性高,管理模式固定,无动态性和实时性,导致功耗浪费。

2)动态电源管理。定义:当系统在运行时,根据系统的负载情况对 CPU 以及外围设备进行动态的调整,使之在不影响系统整体需求的情况下进一步节省一定的能量。优点:实时调控,最优拟合,低功耗。

2. 动态电源管理设计

3 种策略:①超时策略;②预测策略;③随机策略。3 种动态电源管理策略的比较见表9-1。

表 9-1　3 种动态电源管理策略的比较

策略类型	原　理	特　点
超时策略	当 Idle 时段开始后,启动定时器,在 timeout 时间内有新任务,不进行电能状态切换;否则 timeout 时间过后,切换电能状态置为节能模式(sleep)	简单,使用最为广泛
预测策略	通过学习过去负载的情况对未来负载情况进行预测,在输入数据的特性和当前系统性能的基础上动态地改变阈值,使系统性能得到优化	合理高效
随机策略	将动态电源管理问题看成是一个随机最优化问题,利用受控的 Markov 过程来研究	具有不确定性

3. 电源调整和按负载多方式分时供电

(1)传感器的电源调整。目的:除满足功能和性能要求外,还要考虑节能。前者包括调压、稳压、负载能力匹配等要求,后者是要求低功耗、高能效。传感器供电没有标准化,而稳压源有规格,因此电源必须调整。

电源调整方式有升压、降压、升/降压及自动进入节能模式。两种电源调整器件的比较见表 9-2。

表 9-2　两种电源调整器件的比较

电源调整器件	功　能	能效性
线性-LDO (线性低压差稳压器)	只降压,电源提供电压低于传感器最低工作电压时器件不能工作。不适合电池供电的场合	有电流就总存在负载压降,负载电流越大,能量消耗也就越大
开关-DC/DC	可实现升压、降压、升/降压调整	负载电流越小,能量效率越低

(2)根据负载大小和特点采用多方式供电。多方式供电:电池直接供电、经过电源调整后供电、处理器 I/O 口供电等不同供电方式的自动选择。电源模块功能控制结构如图 9-1 所示。

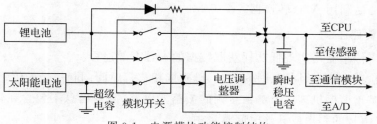

图 9-1　电源模块功能控制结构

(3)分时供电。

1)多电源分时供电:在传感器系统有太阳能或其他能量补给途径时,可采用分时供电的方式,断开原有的电池供电,充分利用这些辅助能量。

2)单电源错峰供电:单电源情况下对多个负载采用错峰供电方式。例如,无线发射时,CPU 不做高强度信号处理;A/D 转换时,负载后续操作暂缓等。图 9-2 所示为一种实现节点错峰的模块顺序工作时序示例。

3)分时结合多方式供电:通过电源管理减小电池的工作电流,提高电源的整体能效。

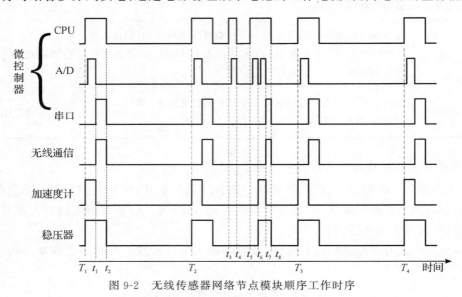

图 9-2 无线传感器网络节点模块顺序工作时序

9.2 低功耗的数据获取方式

9.2.1 准数字传感器的数据转换与测量

1. 数字式传感器

(1)任务:将模拟量转换为数字编码。

(2)实现方式:利用 A/D 转换器。

2. 准数字传感器

采用准数字传感器是实现低功耗获取数据的一种有效途径。

(1)定义:输出为频率/周期、时间间隔、脉宽或相移等时间调制信号的传感器

(2)原理:基于谐振机理以及参数可调的振荡器电路,测量信息不包含在输出信号的幅值中,而在输出信号的频率或其他时间变量中。

(3)输出参量:频率 f、周期 T、脉冲宽度 t_s、脉冲间隔 t_p、占空比、脉冲数 N、相位角 φ 等。

(4)实现方式:利用以频率输出的传感器。

(5)频率或时间信号优点:信号调理电路简单,被测量与数字编码间转换方便,容易实现

低功耗测量。

（6）频率信号输出的优点：抗噪能力强，高输出信号功率，频率基准精度高，信号传输接口简单；积分及编码简单。

准数字传感器的输出信号如图 9-3 所示。数字式传感器输出信号的类型如图 9-4 所示。

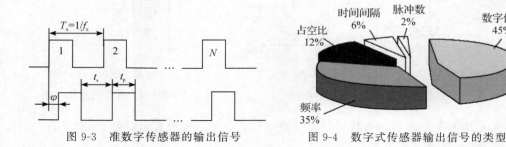

图 9-3　准数字传感器的输出信号　　　　图 9-4　数字式传感器输出信号的类型

9.2.2　频率式传感器的常见实现技术

1. 频率式传感器

（1）定义：把被测量转换成相应的频率信号输出的传感器。

（2）最简构成方法：①利用电子振荡器原理，使振荡电路中某个部分因被测量的变化而改变，由此改变振荡器的振荡频率，如改变 LRC 振荡电路中的电容、电感或电阻；②利用机械振动系统，通过其固有振动频率的变化来反映被测参数值。谐振式传感器的组成如图9-5所示。

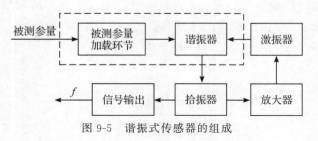

图 9-5　谐振式传感器的组成

2. 谐振式传感器技术

谐振是系统的一种特性，当系统工作于某一自然特征频率时，系统响应的增强完全由系统本身的参数决定。在谐振频率点上，系统以最低的损耗维持输入能量。

工作原理：传感器以谐振器为敏感元件，以谐振器谐振参数（一般用谐振频率）的变化来测被测量的大小。谐振弦式压力传感器原理如图 9-6 所示。振弦的激励方式如图 9-7 所示。

（1）弹性振体传感器。

1）工作原理：应用振弦、振筒、振梁、振膜等弹性振体的固有振动频率（自振谐振频率）测量有关参数。设弹性振体质量为 m，材料弹性模量为 E，刚度为 k，则初始固有频率

$$f_0 = h(E_k/m) - 0.5 \tag{9-1}$$

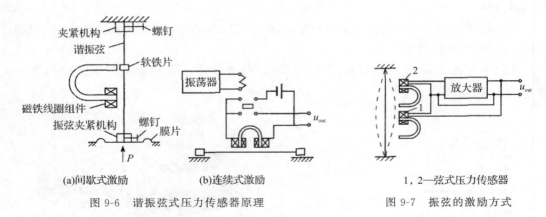

(a)间歇式激励	(b)连续式激励

图 9-6 谐振弦式压力传感器原理

1,2—弦式压力传感器

图 9-7 振弦的激励方式

式中,h 为与量纲有关的常数。只要被测量与其中某一参数有相应关系,就可通过测弹性振体的固有频率来达到测量目的。

2)最常见的构成方式:将谐振器接在振荡器电路反馈环中,振荡器的振荡频率由谐振器的谐振频率确定,振荡器的输出信号频率即为传感器的输出。

3)振荡器工作原理:参考一个时间基准,从稳定的能量输入(从电源得到)中产生周期信号。

4)振荡器电路:时间基准单元和电路增益单元。时间基准单元确定振荡器的输出频率,特点在于其特性具有频率选择性。典型的时间基准单元有 LC 无源电路网络、石英晶体谐振器以及微机械谐振器。典型的电路增益单元就是放大器。

(2)基于电子振荡器的频率式温度传感器。采用热敏电阻随温度变化改变振荡器的振荡频率,从而将温度转换成频率信号,是一个典型示例。图 9-8 所示的热敏电阻 RT 作为 RC 振荡器的一部分。RC 振荡器的振荡频率:

$$f=\frac{1}{2\pi}\left[\frac{R_2+R_3+R_T}{R_1R_2(R_3+R_T)C_1C_2}\right]^{1/2} \tag{9-2}$$

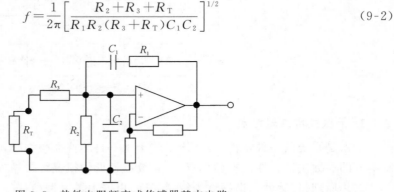

图 9-8 热敏电阻频率式传感器基本电路

引入电阻 R_2 和 R_3 是为了改善传感器的线性度。另外,为减少热敏电阻自热引起的误差,流过热敏电阻的电流应尽可能小。这种电路的温度测量范围有限。

石英晶体振荡器:作为数字电路时间基准的石英晶体振荡器是最常见的高稳定度振荡器,具有 Q 值高(空气中的 Q 值在 $10^4 \sim 10^7$ 量级)、温度系数低(主要指对温度不敏感的 AT 切型的石英晶体谐振器)的特点,应用广泛,包括惯性传感器、压力传感器、气体传感器、生物传感器等。

以石英晶体组成的频率式温度传感器是利用石英晶体振荡器的频率温度特性来实现测温的。当温度在 $-80\sim+250\ ℃$ 范围时,石英晶体的温度与频率的关系可表示为

$$f_t = f_0(1+at+bt^2+ct^3) \tag{9-3}$$

式中,f_0 为 $t=0\ ℃$ 时的固有频率;a,b,c 是 3 个频率温度系数。

传感器中使用两个石英晶体探头:一个对温度不敏感,处于恒温 t_2 下,作为基准频率信号源;另一个随被测温度 t_1 变化,控制振荡器输出频率。两个频率经混频后所得差值反映 t_1 与 t_2 之差。这种温度传感器的测量范围为 $-40\sim+230\ ℃$。

9.2.3 准数字传感器的参数转换

(1)意义:使不能直接将被测量转换成频率等准数字信号形式的敏感元件实现信号的间接转换。

(2)分类:根据原始信息转换为频率的过程,如图 9-9 所示。①被测量-频率转换传感器;②被测量-电压-频率转换传感器;③被测量-中间参量-频率转换传感器。

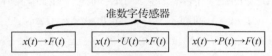

$x(t)$ 为被测量,$F(t)$ 为频率,$U(t)$ 为与被测量成正比的电压,$P(t)$ 为中间参量

图 9-9 准数字传感器的分类

3 种准数字量类型传感器的比较见表 9-3。

表 9-3 3 种准数字量类型传感器的比较

类 型	原 理	特 点	典型器件
被测量-频率转换传感器	被测量与频率量直接转换	不需 A/D 转换器	基于谐振结构的传感器
被测量-电压-频率转换传感器	采用电压-频率或者电流-频率转换电路得到频率输出信号	不需 A/D 转换器,比 A/D 转换方式简单,成本低,通用性强,具有积分输入特性和出色的精度以及非线性程度低,更适于工业测量环境	霍尔传感器、热电偶传感器及基于光电池效应的光探测器
被测量-中间参量-频率转换传感器	采用一个电子振荡器电路,敏感元件本身作为频率控制元件	不需 A/D 转换器	电感式、电容式以及欧姆型参量调制式传感器

9.2.4 时间调制信号的测量法

1. 频率测量法

频率测量法是最普通的频率-编码转换方法。

（1）基本原理：测量参考时间间隔（门宽）T_0 内未知频率信号 f_x 的周期 T_x。

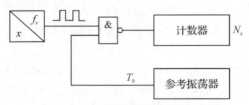

图 9-10　频率测量法原理简化框

（2）方案：如图 9-10 所示，T_0 通过对参考频率的适当分频得到，在门限信号为高电平时，对传感器输出信号脉冲累计计数，转换结果计算公式为

$$N_x = T_0/T_x = T_0 f_x \tag{9-4}$$

由 N_x 可算出传感器的频率：

$$f_x = N_x f_0 = N_x T_0^{-1} \tag{9-5}$$

（3）误差因素：因门限信号起、终点与信号脉冲之间不能保证同步，所以会产生如图 9-11 所示的截断误差。截断误差的绝对值由 Δt_1 及 Δt_2 确定。显然，实际测量时间为

$$T'_0 = N_x T_x = N_x/f_x = T_0 + \Delta t_1 - \Delta t_2 \tag{9-6}$$

因此，$T_0 = N_x T_x - \Delta t_1 + \Delta t_2 = N_x T_x \pm \Delta t = N_x T_x \pm \Delta q$。

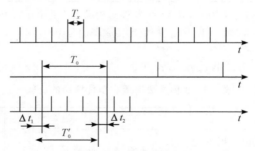

图 9-11　频率测量法的截断误差

时间间隔 Δt_1 及 Δt_2 彼此独立，其值在 $0 \sim T_x$ 等概率分布；而 Δq 的值介于 1 个计数脉冲之间，因此，信号不同步所造成的最大相对量化误差

$$\delta_q = \pm 1/N_x = \pm(T_0 f_x)^{-1} \tag{9-7}$$

采用适当方法，可使测量起点时刻与被测脉冲起点同步，但终点无法同步。在此情况下，由式（9-7）可确定量化误差，即 $\Delta t_1 = 0$ 时的误差为：$\delta_q = -(T_0 f_x)^{-1}$。

显然，门宽 T_0 的取值范围受参考频率取值范围的限制。在用微处理器实现测频时，必须注意其具体的时钟频率。

（4）误差及来源：参考频率的误差 δ_{ref} 和前述量化误差。其中 δ_{ref} 是系统误差，由时钟频率的长期不稳定性引起；测量结果的随机误差部分则由频率 f_0 的短期不稳定性引起。

（5）降低误差的方法：一般在 $-55 \sim +125$ ℃的温度范围内，无温度补偿的石英振荡器所产生的频率与名义频率值的偏差的相对变动范围为 $(1 \sim 50) \times 10^{-6}$。这部分误差是高频测量时的基本误差源。减小该项误差需采用高稳定性的石英振荡器，长时间内该项误差可控制在 $10^{-6} \sim 10^{-8}$ 范围。

绝对量化误差可容忍的最大值：

$$\Delta q = \pm f_0 = \pm T_0^{-1} \tag{9-8}$$

用频率测量方法实现频率—编码转换的绝对误差上限：

$$\Delta_{\max} = \pm\left(\delta_{\mathrm{ref}} f_x + \frac{1}{T_0}\right) \tag{9-9}$$

相对误差：

$$\delta_{\max} = \pm\left(\delta_{\mathrm{ref}} + \frac{1}{f_x T_0}\right) \tag{9-10}$$

量化误差 δ_q 与所测频率有关。当传感器频率高于 10 MHz 时，量化误差基本可忽略；频率降低时，量化误差相应增加；频率过低时，量化误差的影响甚至会导致该方法无法应用。例如，当被测频率为 10 Hz、门宽 $T_0 = 1$ s 时，量化误差高达 10%。采用这种方法进行频率—编码转换，如希望量化误差不超过 0.01%，则需以时间换精度，所需门宽 $T_0 = 1\,000$ s；或者对频率 f_x 进行 k 倍频，可有效降低量化误差，但会增加软/硬件复杂程度。

2. 周期测量法

周期测量法适用于中、低频信号的频率-编码转换方法。

(1)基本原理：如图 9-12 所示，通过累计一个或 n 个被测周期 T_x 内的高频参考信号 f_0 的脉冲数来实现。因此，计数器的累计数为

$$N_x = nT_x/T_0 = nf_0/f_x \tag{9-11}$$

式中，n 为周期 T_x 的数目。

通过 N_x 可得被测信号周期。

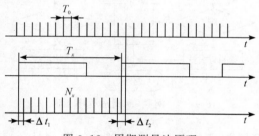

图 9-12　周期测量法原理

采用同样方法，还可将脉冲宽度 t_p 或脉冲之间的间隔转换为数字编码。计数器所计脉冲数由周期 T_x 内的参考信号周期 $T_0 = 1/f_0$ 的数目决定。T_x 的平均值为 $N_x T_0$。

(2)误差及来源：从绝对量化误差的角度来看，存在不同步问题引起的误差，即

$$T_x = (N_x - 1)T_0 + \Delta t_1 + (T_0 - \Delta t_2) = N_x T_0 + \Delta t_1 - \Delta t_2 = N_x T_0 \pm \Delta_q \tag{9-12}$$

误差 Δt_1 及 Δt_2 呈等概率不对称分布，概率为 $1/T_0$，均值为

$$\left.\begin{array}{l} M(\Delta t_1) = 0.5T_0 \\ M(\Delta t_2) = -0.5T_0 \end{array}\right\} \tag{9-13}$$

量化误差 Δq 由随机误差 $\Delta t_1, \Delta t_2$ 决定，最大值 $\Delta_{x\mathrm{qmax}} = \pm T_0$。

(3)降低误差的方法：若使参考频率 f_0 与被测周期 T_x 在起点同步，则可使 $\Delta t_1 = 0$。然而，终点的同步无法用简单方法实现。从原理上说，量化误差 Δq 不可能消除。

为得到频率值，周期测量法要通过倒数计算，即频率的转换数值为 $N_{fx} = 1/N_x$。

周期测量法的转换时间与 T_x 有关,量化误差则随着被测频率的上升而增加。因此,这种方法适合于低频信号的转换。例如,当频率 $f_x = 10\ \text{kHz}$ 时,如采用的参考频率 $f_0 = 1\ \text{MHz}$,则量化误差为 1%。

3. 混合测量方法

前两种方法的测量误差均与被测信号频率有关,测量精度受到被测信号影响。

举例:一种基于单片机的测频-测周法程序流程图,如图 9-13 所示。

(1)基本原理:它根据实际信号频率在两种测量方式之间自动切换。通过软件编程,控制单片机中定时/计数器的工作方式,实现测频和测周之间的动态切换。因而,这种测量系统可适应宽量程范围的频率测量。其中,根据实际应用中对测量误差或测量速度的要求,选择合适的切换频率点 f_x 是关键。另外,切换频率点处频率测量的连续性也是要重点考虑的问题。

(2)实现方案:如图 9-13 所示,人为设定一个周期测量的上限频率 f'_{x2} 和一个测量的下限频率 f'_{x1},使 f'_{x2}、f'_{x2} 在 f'_x 附近,并有 $f'_{x1} < f'_x < f'_{x2}$。由于切换频率点附近存在一个切换范围,因此当被测信号频率在该频率点附近变动时,可保证两种测量方法的平滑切换。

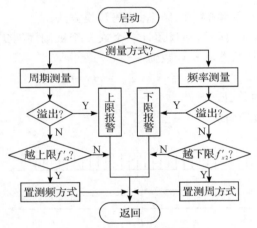

图 9-13　测频-测周法程序流程

(3)等精度测频法:克服前述方法中测频误差与被测信号频率有关的不足,原理如图 9-14 所示。CNT1 和 CNT2 是可控计数器,标准信号 f_s 从 CNT1 的时钟端 CLK 输入;被测信号 f_x 从 CNT2 的时钟输入端 CLK 输入;计数器的 CEN 端为时钟使能端,控制时钟输入。预置闸门信号为高电平(预置时间开始)时,被测信号上升沿通过 D 触发器的输出端,同时启动两个计数器计数。同样,预置门信号为低电平(预置时间结束)时,被测信号的上升沿通过 D 触发器输出端,同时关闭计数器。

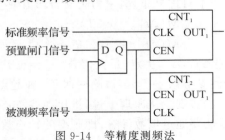

图 9-14　等精度测频法

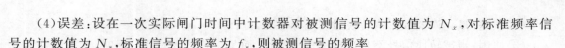

（4）误差：设在一次实际闸门时间中计数器对被测信号的计数值为 N_x，对标准频率信号的计数值为 N_s，标准信号的频率为 f_s，则被测信号的频率

$$f_x = (N_x/N_s)f_s \qquad (9-14)$$

若忽略标准频率 f_s 的误差，由式（9-14）可得

$$\mathrm{d}f_x = -\frac{N_x}{N_s^2}f_s\mathrm{d}N_s \qquad (9-15)$$

由于 $\mathrm{d}N_s = \pm 1$，$\tau = N_x/f_x$，$N_s \approx \tau/f_s$，则等精度测频可能产生的相对误差为

$$\varepsilon = \left|\frac{\mathrm{d}f_x}{f_x}\right| \approx \frac{\dfrac{\tau f_x}{(\tau/f_s)^2}f_s|\mathrm{d}N_s|}{f_x} = \frac{1}{\tau f_s} \qquad (9-16)$$

（5）误差特点：实际闸门时间 τ 与预置闸门时间的差不超过一个被测信号周期，基本可视为常数，使相对误差 ε 仅与闸门时间和标准信号频率有关，与被测信号无关，因此实现整个测量频段的等精度测量。

等精度测频中的闸门时间越长，标准频率越高，测频的相对误差越小。在保证测量精度不变的前提下，提高标准信号频率，可缩短闸门时间，提高测试速度。

4. 相位-编码转换

相位-编码转换可简化为两个周期为 T_x 的脉冲序列之间的时间间隔的转换。

（1）方法步骤：将待测相位差的两正弦信号转换为图 9-15 所示的单极性电压脉冲信号，时间间隔 t_x 由脉冲 1 及 2 组成的第一个脉冲对形成。该间隔用参考频率 f_0 的脉冲填充。在时间间隔 t_x 间的脉冲数由计数器进行计数，即 $n = f_0 t_x$。与此同时，电路中生成与待测正弦信号周期相同的方波脉冲。此脉冲也用参考频率 f_0 的脉冲填充，对应于周期 T_x 的脉冲数为 $N = f_0 T_x$。两正弦信号之间的相位差 $\varphi = 360n/N$。

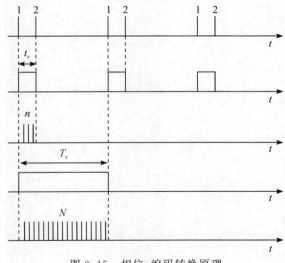

图 9-15　相位-编码转换原理

利用嵌入在智能传感器中的微处理器，可实现上述的测量与计算过程。这种方法可用于测量多个周期内的平均相移值，但仅可在中、低频范围内得到比较高的转换精度。

（2）误差：量化误差和影响转换过程的噪声两部分。

（3）原因：当被转换信号不是严格的矩形脉冲，而是正弦波等周期信号时，还可能存在其他因素导致的转换误差，如触发电平所致误差、信号波形转换过程中的非线性所致误差。当采用多路开关进行多路信号测量时，还可能因多通道信号之间的交叉干扰导致误差。

（4）消除方法：设计合理的电路以及充分考虑电路的容错、抗干扰性能，可将这部分误差消除。

（5）误差特点：当参考频率 f_0 为常数时，量化误差会随着频率的上升而增大。对于给定的绝对转换误差限 $\Delta\varphi_q$，频率 f_x 的上限为 $f_{x\max} = \dfrac{\Delta\varphi_q}{360°}f_0$，下限频率无限制。

思考与练习

1. 什么是电源管理技术？低功耗电源管理的目的是什么？

2. 电源管理的实现方案主要有哪些？简述静态电源管理和动态电源管理的主要优缺点。

3. 简述频率式传感器的常见实现技术。

4. 举例说明 3 种准数字量类型的传感器。

5. 简述时间调制信号测量方法的种类。

第 10 章　智能传感器

10.1　概　述

　　智能传感器这一名称虽然至今未有确切含义,但从字面上看,意味着这种传感器具有一定的人工智能,即使用电路代替一部分脑力劳动。近年来,传感器越来越多地与微处理器相结合,使传感器不仅有视、嗅、味和听觉的功能,还具有存储、思维和逻辑判断、数据处理、自适应能力等功能,从而使传感器技术提高到一个新的水平。

　　智能传感器(intelligent sensor),即具有信息处理功能的传感器,带有微处理器,具有采集、处理、交换信息的能力,是传感器集成化与微处理器相结合的产物。

　　与传统的传感器相比,智能传感器将传感器检测信息的功能与微处理器(CPU)的信息处理功能有机地结合在一起,从而具有了一定的人工智能,弥补了传统传感器性能的不足。一般智能机器人的感觉系统由多个传感器集合而成,采集的信息需要计算机进行处理,而使用智能传感器就可将信息分散处理,从而降低成本。智能传感器实物示例如图 10-1 所示。

图 10-1　智能传感器实物示例

　　与一般传感器相比,智能传感器具有以下 3 个优点:通过软件技术可实现高精度的信息采集,而且成本低;具有一定的编程自动化能力;功能多样化。

10.2　智能传感器的定义

　　智能传感器系统是一门现代综合技术,是当今世界正在迅速发展的高新技术,至今还没有形成规范化的定义。早期，人们简单、机械地强调在工艺上将传感器与微处理器两者紧密结合，认为"传感器的敏感元件及其信号调理电路与微处理器集成在一块芯片上就是智能传感器"。

关于智能传感器的中、英文称谓，目前也尚未统一。John Brignell 和 Nell White 认为"Intelligent Sensor"是英国人对智能传感器的称谓，而"Smart Sensor"是美国人对智能传感器的俗称。而 Johan H. Huijsing 在"Integrated Smart Sensor"一文中按集成化程度的不同，分别称为"Smart Sensor"和"Integrated Smart Sensor"。"Smart Sensor"的中文译名有"灵巧传感器"和"智能传感器"。

《智能传感器系统》书上的定义："传感器与微处理器赋予智能的结合，兼有信息检测与信息处理功能的传感器就是智能传感器（系统）"；模糊传感器也是一种智能传感器（系统），将传感器与微处理器集成在一块芯片上是构成智能传感器（系统）的一种方式。

《现代新型传感器原理与应用》书上的定义：所谓智能式传感器，就是一种带行微处理器的，兼有信息检测、信息处理、信息记忆、逻辑思维与判断功能的传感器。

智能传感器就是一个最小的微机系统，其中作为控制核心的微处理器通常采用单片机，其基本结构框图如图 10-2 所示。

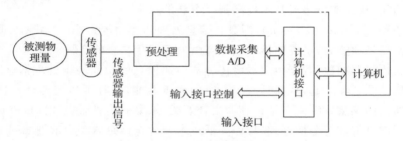

图 10-2　智能传感器基本结构框

传感器是模拟人感官采集外部信息的电子器件，传感器的智能化，就像是要实现人类大脑和神经系统的一部分功能。从感觉到记忆，再到思维的过程，称为"智慧"。而所谓的智能传感器是指具有一定的对所检测参数进行信息处理、分析的功能或是对信息能够存储或是将信息分析结果转化为其他指令等功能的传感器。例如，通过工艺技术手段将传感器与微处理器两者紧密结合，将传感器的敏感元件及其信号调理电路与微处理器集成在一块芯片上，这可称作具有初步智能的传感器。智能传感器将 ASIC 电路、微处理器、通信接口、软件协议等与敏感芯片相结合，使得敏感芯片的感知信息得到最充分的利用。智能传感器的智慧和能力将会从简单朴素阶段向复杂抽象阶段发展，从而能够在一定程度上模拟人类大脑和神经系统部分功能。

10.3　智能传感器的功能

智能传感器的功能是通过模拟人的感官和大脑的协调动作，结合长期以来测试技术的研究和实际经验而提出来的，是一个相对独立的智能单元。它的出现对原来硬件性能苛刻要求有所减轻，而靠软件帮助可以使传感器的性能大幅度提高。

（1）信息存储和传输——随着全智能集散控制系统（smart distributed system）的飞速发展，要求智能单元具备通信功能，用通信网络以数字形式进行双向通信，这也是智能传感器的关键标志之一。智能传感器通过测试数据传输或接收指令来实现各项功能，如增益的设置、补偿参数的设置、内检参数的设置、测试数据输出等。

（2）自补偿和计算功能——多年来从事传感器研制的工程技术人员一直为传感器的温度漂移和输出非线性进行大量的补偿工作，但都没有从根本上解决问题。而智能传感器的自补偿和计算功能为传感器的温度漂移和非线性补偿开辟了新的道路，放宽了传感器加工精密度要求，即只要能保证传感器的重复性好，就可利用微处理器对测试的信号通过软件计算，采用多次拟合和差值计算方法对漂移和非线性进行补偿，从而能获得较精确的测量结果压力传感器。

（3）自检、自校、自诊断功能——普通传感器需要定期检验和标定，以保证它在正常使用时足够的准确度。这些工作一般要求将传感器从使用现场拆卸送到实验室或检验部门进行，对于在线测量传感器出现异常则不能及时诊断。采用智能传感器，该情况则大有改观，首先自诊断功能在电源接通时进行自检，诊断测试以确定组件有无故障。其次根据使用时间可以在线进行校正，微处理器利用存储于 EPROM 内的计量特性数据进行对比校对。

（4）复合敏感功能——我们观察周围的自然现象，常见的信号有声、光、电、热、力、化学等。敏感元件测量一般通过两种方式：直接和间接的测量。而智能传感器具有复合功能，能够同时测量多种物理量和化学量，给出能够较全面反映物质运动规律的信息。例如，美国加利福尼亚大学研制的复合液体传感器，可同时测量介质的温度、流速、压力和密度。美国 EG&GIC Sensors 公司研制的复合力学传感器，可同时测量物体某一点的三维振动加速度（加速度传感器）、速度（速度传感器）、位移（位移传感器），等等。

（5）智能传感器的集成化——大规模集成电路的发展使得传感器与相应的电路都集成到同一芯片上，这种具有某些智能功能的传感器叫作集成智能传感器。集成智能传感器的功能有 3 个方面的优点：①较高信噪比。传感器的弱信号先经集成电路信号放大后再远距离传送，可大大改进信噪比。②改善性能。由于传感器与电路集成于同一芯片上，因此对传感器的零漂、温漂和零位可以通过自校单元定期自动校准，又可以采用适当的反馈方式改善传感器的频响。③信号规一化。传感器的模拟信号通过程控放大器进行规一化，又通过模数转换成数字信号，微处理器按数字传输的几种形式进行数字规一化，如串行、并行、频率、相位、脉冲等。

概括而言，智能传感器的主要功能是：①具有自校零、自标定、自校正功能；②具有自动补偿功能；③能够自动采集数据，并对数据进行预处理；④能够自动进行检验、自选量程、自寻故障；⑤具有数据存储、记忆与信息处理功能；⑥具有双向通信、标准化数字输出或者符号输出功能；⑦具有判断、决策处理功能。

10.4　智能传感器的特点

智能化传感器是由一个或多个敏感组件、微处理器、外围控制及通信电路、智能软件系统相结合的产物，它兼有监测、判断、信息处理等功能。与传统传感器相比，它具有很多特点。例如,它可以确定传感器的工作状态,对测量资料进行修正,以便减少环境因素如温度、湿度引起的误差;它可以用软件解决硬件难以解决的问题;它可以完成数据计算与处理工作等。同时,智能传感器的精度、量程覆盖范围、信噪比、智能水平、远程可维护性、准确度、稳定性、可靠性和互换性都远高于一般的传感器。

智能式传感器是一个以微处理器为内核扩展了外围部件的计算机检测系统,如图 10-3 所示。相比一般传感器,智能式传感器有如下显著特点:

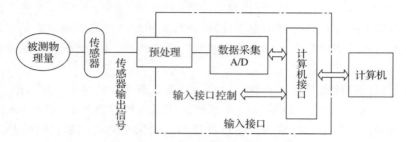

图 10-3　智能式传感器系统构成框

(1)提高了传感器的精度。智能式传感器具有信息处理功能,通过软件不仅可修正各种确定性系统误差(如传感器输入输出的非线性误差、温度误差、零点误差、正反行程误差等),而且还可适当地补偿随机误差、降低噪声,大大提高了传感器精度。

(2)提高了传感器的可靠性。集成传感器系统小型化,消除了传统结构的某些不可靠因素,改善了整个系统的抗干扰性能。同时它具有诊断、校准和数据存储功能(对于智能结构系统还有自适应功能),稳定性良好。

(3)提高了传感器的性价比。在相同精度的需求下,多功能智能式传感器与单一功能的普通传感器相比,性价比明显提高,尤其是在采用较便宜的单片机后更为明显。

(4)促成了传感器多功能化。智能式传感器可以实现多传感器多参数综合测量,通过编程扩大测量与使用范围;有一定的自适应能力,根据检测对象或条件的改变,相应地改变量程与输出数据的形式;具有数字通信接口功能,直接送至远地计算机进行处理;具备多种数据输出形式(如 RS232 串行输出,PIO 并行输出,IEE-488 总线输出以及经 D/A 转换后的模拟量输出等),适配各种应用系统。

概括而言,与传统传感器相比,智能传感器的特点是:①精度高;②高可靠性与高稳定性;③高信噪比与高的分辨力;④强的自适应性;⑤高的性价比。

10.5　应用领域与发展方向

智能传感器已广泛应用于航天、航空、国防、科技、工农业生产等各个领域。例如,它在机器人领域中有着广阔的应用前景,智能传感器使机器人具有人类的五官和大脑功能,可感知各种现象,完成各种动作。

在工业生产中,利用传统的传感器无法对某些产品质量指标(如黏度、硬度、表面光洁度、成分、颜色、味道等)进行快速直接测量并在线控制,而利用智能传感器可直接测量与产品质量指标有函数关系的生产过程中的某些量(如温度、压力、流量等),利用神经网络或专家系统技术建立的数学模型进行计算,可推断出产品的质量。智能制造的兴起,把智能传感器引入了工业生产中,利用它独有的数据采集等优势,打造高度自动化的生产模式。

在医学领域中,糖尿病患者需要随时掌握血糖水平,以便调整饮食和注射胰岛素,防止其他并发症。测血糖时,通常必须刺破手指采血,再将血样放到葡萄糖试纸上,最后把试纸放到电子血糖计上进行测量。这是一种既麻烦又痛苦的方法。美国 Cygnus 公司生产了一种"葡萄糖手表",其外观像普通手表一样,戴上它就能实现无痛、无血的连续血糖测试。"葡萄糖手表"上有一块涂着试剂的垫子,当垫子与皮肤接触时,葡萄糖分子就被吸附到垫子上,并与试剂发生电化学反应,产生电流。传感器测量该电流,经处理器计算出与该电流对应的血糖浓度,并以数字量显示。

传感器"五化"发展方向:一是智能化,两种发展轨迹齐头并进。一个方向是多种传感功能与数据处理、存储、双向通信等的集成,另一个方向是软传感器技术,即智能传感器与人工智能相结合。二是可移动化,无线传感网技术应用加快。无线传感网技术的关键是克服节点资源限制,并满足传感器网络扩展性、容错性等要求。三是微型化,微机电系统(microelectromechanical systems,MEMS)传感器研发异军突起。随着集成微电子机械加工技术的日趋成熟,MEMS 传感器将半导体加工工艺引入传感器的生产制造,实现了规模化生产,并为传感器微型化发展提供了重要的技术支撑。四是集成化。传感器集成化包括两类:一种是同类型多个传感器的集成,另一种是多功能一体化。五是多样化,新材料技术的突破加快了多种新型传感器的涌现。新型敏感材料是传感器的技术基础,材料技术研发是提升性能、降低成本和技术升级的重要手段。

传感器发展前景和应用领域正在不断扩大,无论是自动化产业还是智慧城市建设,包括物联网发展趋势等,都在向人们昭示着传感器产业将迎来辉煌的发展。

10.6　现状与对策

电子自动化产业的迅速发展与进步促使传感器技术,特别是集成智能传感器技术日趋活跃发展。近年来随着半导体技术的迅猛发展,国外一些著名的公司和高等院校正在大力开展有关集成智能传感器的研制,国内一些著名的高校和研究所以及公司也积极跟进,集成智能传感器技术取得了令人瞩目的发展。国产智能传感器逐渐在智能传感器领域迈开步伐,西安中星测控生产的 PT600 系列传感器,采用国际上一流传感器芯体、变送器专用集成电路和配件,运用军工产品的生产线和工艺,精度高,稳定性好,成本低,采用高性能微控制器(micro controller unit,MCU),具备数字和模拟两种输出方式,同时针对用户的特定需求(如组网式测量、自定义通信协议),均可在原产品基础上进行二次开发,周期极短,为用户节省时间,提高效率,已广泛应用于航空、航天、石油、化工、矿山、机械、大坝、地质、水文等行业中测量各种气体和流体的压力、压差、流量和流体的高度和重量。

智能传感器系统是一门现代综合技术,是当今世界正在迅速发展的高新技术,虽然至今还没有形成规范化的定义,但依然可以大胆地预言,无论是在生产活动中,还是在人们生活中,都正在进入智能传感器时代。我国传感器的科研开发水平落后发达国家 5～10 年,生产技术落后 10～15 年,为了加快智能传感器的发展,需要加大政府支持力度,建立行业共性技

术服务平台,为行业自主创新及可持续发展提供支撑,使行业整体发展水平得到显著提升。同时也要鼓励跨行业的联合经营模式,支持完成一批高精度智能传感器的自主设计、开发及产业化建设;组织各研究机构及大专院校解决传感器主干产品智能化、网络化的关键问题。

公众信息市场是智能传感器应用体量巨大的市场。以市场需求为牵引,扩大信息消费市场对我国智能传感器的促进作用是十分直接的。在国务院《关于加快促进信息消费扩大内需的若干意见》的政策支持下,我国智能传感器从技术到产品都将会超出预期快速发展,在技术的自主创新、产品产业化、扩大市场占有份额等方面形成良性循环。我国扩大信息消费的举措,为智能传感器的发展注入了强大的推动力,所以抓住机遇大幅度增强我国传感器研制和生产的综合实力、建立智能传感器高新技术产业是我国未来在信息技术领域处于自主地位的重要基础。

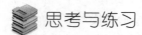 思考与练习

1. 什么是智能传感器?它有什么样的功能?
2. 智能传感器的 3 种实现途径是什么?试举例说明。
3. 举一个计算型智能传感器的例子,画出组成框图,并解释计算型智能传感器的工作过程。
4. 试设计一个具有自学习能力的智能传感器,解释自学习过程。
5. 什么是模糊传感器?如何通过温度传感器实现模糊温度符号输出?
6. 什么是多传感器融合?什么是数据融合?多传感器融合系统有什么作用?

参考文献

[1]程军,王煜东.传感器及实用检测技术[M].西安:西安电子科技大学出版社,2010.

[2]黄燕,林训超,等.电子测量与仪器[M].北京:高等教育出版社,2009.

[3]金发庆.传感器技术与应用[M].北京:机械工业出版社,2012.

[4]王煜东.传感器及应用[M].北京:机械工业出版社,2008.

[5]徐军,冯辉,等.传感器技术基础与应用实训[M].北京:电子工业出版社,2014.

[6]俞云强.传感器与检测技术[M].北京:高等教育出版社,2008.

[7]周乐挺.传感器与检测技术[M].北京:高等教育出版社,2014.

[8]朱自勤.传感器与检测技术[M].北京:机械工业出版社,2008.